# 大海捞"珍"

"蓝色家园" 原创科普丛书

蔡怡琳 著

U0137686

海峡出版发行集团
THE STRAITS PUBLISHING & DISTRIBUTING GROUP | 鹭江出版社

**图书在版编目（CIP）数据**

大海捞"珍" / 蔡怡琳著. -- 厦门 ： 鹭江出版社，
2023.5
（"蓝色家园"原创科普丛书）
ISBN 978-7-5459-2108-3

Ⅰ．①大… Ⅱ．①蔡… Ⅲ．①海洋学－普及读物
Ⅳ．①P7-49

中国国家版本馆CIP数据核字(2023)第048837号

DAHAI LAOZHEN

**大海捞"珍"**

蔡怡琳　著

出　　版：鹭江出版社
地　　址：厦门市湖明路 22 号　　　　　邮政编码：361004
发　　行：福建新华发行（集团）有限责任公司
印　　刷：福州德安彩色印刷有限公司
地　　址：福州金山工业区　　　　　　**联系电话**：0591-28059365
　　　　　浦上园 B 区 42 栋
开　　本：700mm×1000mm　　1/16
印　　张：9.5
字　　数：79 千字
版　　次：2023 年 5 月第 1 版　　　2023 年 5 月第 1 次印刷
书　　号：ISBN 978-7-5459-2108-3
定　　价：28.00 元

如发现印装质量问题，请寄承印厂调换。

# 序

　　这是一本关于海的小书。

　　夏末时接到写作任务，完成时已是初冬。敲下最后一个字，寒潮恰好夜袭闽南，带着海风的微咸气息敲击着我的窗户。作为一个在海岛长大的孩子，我对这样的气候再熟悉不过。

　　我生命中的重要时刻，都有海的见证。小时候的房子离海不远，家人常抱着我去看大船。船能为我带回许久未见的亲人，也能带我出海去看白海豚。初、高中毕业时和同学们坐在沙滩上看海，一看就是一下午，诉说彼此对未来的希冀。有朋自远方来，那必定是要带去海边走走的。我们在沙滩上写字，看月光下波光粼粼的海面，天上的星星时常隐匿，但情谊可以地久天长。

所以，当知道要写一本和海洋有关的书时，我觉得自己责无旁贷。大海给予人类太多，我能做的只是尽自己微薄的力量让更多人了解它、保护它，哪怕知道一点儿也是好的。更何况，我是为孩子们写书，这是件非常荣幸的事。我以我的视角，就像和朋友聊天、向朋友分享我的感受一样，期待能带给读者好的体验。

说到大海，很多人的第一反应是它提供给我们源源不断的宝贝。但在写作过程中，我发现大海作为媒介，对人类社会的发展有着更深远的影响。季风和洋流、海底隧道和跨海大桥，每一次借助海洋的力量，都是人类的又一次起跑。而当人们能自由、从容地穿行于海上丝绸之路时，他们就有了更宽广、绚烂如星河般的视野。

在写作过程中，我查阅了很多资料，愈发觉得自己知识结构的单一，同时也感慨海洋文化的博大。书里的每个故事、每个数据我都反复比对，生怕出错。得益于这次的写作，我学习了全新的知识，开阔了眼界，查阅、消化完知识后，还要尽可能地用通俗有趣的语言叙述出来，又是一个不小的挑战。

总之，写作的过程真是一次痛苦又愉快的体验。

在写作的时候，无数次，我在心底发出一个声音：

如果有小读者因为看了这本书，萌发了从事海洋工作的想法，或者仅仅是对海洋中的某个事物产生兴趣，并愿意深入研究，那就是我极大的幸福了。

在本书的写作过程中，我得到了编辑林凤来、刘倩蓉和很多大朋友、小朋友的帮助。两位编辑帮我梳理了全书的框架，我在与她们的思想碰撞中，不断完善写作方向。大朋友们帮我找资料、给我鼓励，尤其感谢厦门大学简星副教授，以及厦门市建设局、厦门市海洋发展局、厦门轨道集团的专家们为作品仔细勘校，确保术语和图片的准确性；小朋友们则当我的"产品检验官"，试读书稿，并提出宝贵意见，每一点反馈都是我前行的动力。

每一本书的创作过程，都是一段爱的航程。心的小船乘着暖流一路前行，只为遇见你心底的北极光。我相信，在遇到困难时，唯有自身的光，才能带人走出困境。

愿每个人都拥有自己的星辰大海。

蔡怡琳

2022 年 11 月 30 日

# 目录

✺ ◎ **1 龟**

来自 1.5 亿年前的使者 / 1

✺ ◎ **2 鲸**

神秘而浪漫的巨型生物 / 7

✺ ◎ **3 珊瑚虫**

海底"建筑大师"/ 16

✺ ◎ **4 人类捕鱼史**

取之不尽的"蓝色牧场"/ 25

✺ ◎ **5 贝壳**

美轮美奂的"百变星君"/ 32

✺ ◎ **6 海带和紫菜**

长在海里的"蔬菜"/ 40

✺ ◎ **7 海鸥**

聪明伶俐的"海上精灵"/ 46

✳◎ **8 海发光现象**
似有星火坠海间 / 52

✳◎ **9 砂矿**
滨海"淘金" / 59

✳◎ **10 海盐**
美味魔法师 / 65

✳◎ **11 海底热液与海底冷泉**
海底的烟囱和喷泉 / 72

✳◎ **12 红树林**
坚不可摧的"海岸卫士" / 79

✳◎ **13 海风**
来去自如的魔法漂移 / 86

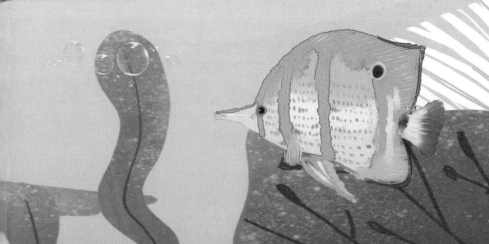

◎ **14 船舶**
　　载梦远航的"梦想号" / 92

◎ **15 桥**
　　天堑变通途 / 99

◎ **16 海底隧道**
　　穿越海的心脏 / 107

◎ **17 沉船与考古**
　　埋藏于深海的时光宝盒 / 114

◎ **18 海陆变迁**
　　沧海桑田多变换 / 120

◎ **19 港口**
　　连接海陆的枢纽 / 128

◎ **20 海上丝绸之路**
　　走向世界的璀璨征途 / 135

# 龟

## 来自 1.5 亿年前的使者

中国人一向很喜欢龟，它是许多故事的主角。我想你一定知道很多关于龟的故事，那你知道它也曾在我们灿烂的海洋文明，甚至整个中华传统文化中扮演着重要的角色吗？

当有老人过生日的时候，我们常用"龟年鹤寿"来表示祝福，希望长辈身体健康，长命百岁。那么，为什么是"龟"呢？它真的很长寿吗？

这还要从很久很久以前说起。

在 1.5 亿年前，甚至更早的时候，地球上就有了龟的存在。地球经过陨石撞击、气候变迁等因素的影响，受伤又复原，复原又受伤，许多生物都灭绝了，而龟却顽强地生存了下来。许多年后，人类出现了。我们的先民们住在洞穴里，如同初生的婴儿一样，对大自然的许多现象——风雨雷电之险、山水之阻、疾病之灾都感到陌生而恐惧。在恶劣的环境中活下来似乎是很艰难的事，他们只能祈求神灵庇佑。有一日，他们发现了一种动物：龟。无论体型大小，龟几乎都能水陆两栖，行动缓慢而沉稳，遇到敌人能以背上的"盔甲"护身，并且耐饥耐寒，很少生病，可以活百年以上。龟在他们看来，成了不可思议的神仙动物。

于是，在原始的自然崇拜中，龟成了许多氏族部落的图腾。图腾崇拜，是指原始社会的人们把某种动物、植物或其他物件当作亲属、祖先或保护神，并相信它们有神奇的超自然力，可以保护他们，使他们获得力量。现在我们说自己是"炎黄子孙"，是因为中华民族有"万世一系，皆出于黄帝"的传统信念。而黄帝族就是以龟为图腾，所以龟崇拜在中华大地上源远流长。

于是，出于对龟的崇拜，古人将龟看作人与神之间沟通的桥梁。在举行重大活动前，巫师都要烧龟甲（以乌龟的背甲和腹甲为材料），然后根据龟甲被烧裂的纹路来占卜吉凶。《左传》中就有出征前烧龟甲占卜，根据纹路推测战事结果的故事。在商朝，不仅国家大事要占卜，私人生活也要占卜。因为那时科学技术还不发达，人信奉"听天由命"，所以占卜的结果就被视为上天的旨意，必须执

● 甲骨文

行。如果违背天意，就会大祸临头。你听说过甲骨文吗？商朝的巫师用龟甲来占卜后，会在甲骨上边用当时的文字记录占卜的事由。后来人们将这种文字称为甲骨文。甲骨，除了兽骨外，很大一部分是龟壳，而且是海龟壳。这和商朝一直绵延到海边的疆域有关，而且当时的人们已开始懂得从大海中捞取"宝贝"加以利用。

到了春秋时期，龟的形象被绣在将军的旗帜上，表示将军有高人一等的眼界和行动力。汉朝时，五品以上文武百官会被赐以龟印，那时调动军队所使用的兵符也称为龟符。唐朝武则天执政时，五品以上的官员都会佩戴一种龟形的小袋，名为龟袋。因此，若女子的丈夫是有龟符或者龟袋的大官，便被称为"金龟婿"。现在你知道什么是"金龟婿"了吧？

龟，尤其是龟族里最长寿的大海龟，仍是现代中国人心中吉祥如意的象征。在许多人追求的"福禄寿喜财"中，"寿"占据了相当重要的位置。而对"千年老鳖万年龟"，大家总想沾它们长寿的好运气，当我们形容一个人活到百岁以上时，便称之为龟龄。

但是，太受欢迎有时候也是伴随着危险的，毕竟美好的东西，常让人想据为己有。世界上大约有七种海龟，中国占了五种：红海龟、玳瑁、绿海龟、太平洋丽龟和棱皮龟。其中，属玳瑁最美丽、最受人喜爱，所以经常遭遇被抓捕的厄运。中医学认为玳瑁可入药，如《神农本草》中称它可"解岭南百药毒"。玳瑁的背甲色彩斑斓，于是屡屡被加工为工艺品，如汉乐府诗《孔雀东南飞》中就描写女主

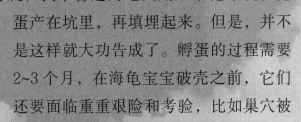

人公刘兰芝"足下蹑丝履，头上玳瑁光"，指的就是佩戴玳瑁发钗让女主人看起来格外漂亮。不仅如此，物以稀为贵，玳瑁因为越来越稀少，所以变身为高贵的代名词。

富人们对玳瑁趋之若鹜，甚至用玳瑁甲做成了玳瑁床、玳瑁楼，极为奢侈和残忍。

目前，世界上所有品种的海龟全部濒临灭绝，一方面是因为它们的象征意义和价值令人类频频打它们的主意，另一方面是因为它们繁衍后代的方式有些特别。海龟们产卵不是在海里，而是在陆地上。它们会在月亮出来的晚上从海里游到岸上，然后慢悠悠地爬呀爬，找个合适的地面用爪子挖个坑，把蛋产在坑里，再填埋起来。但是，并不是这样就大功告成了。孵蛋的过程需要2~3个月，在海龟宝宝破壳之前，它们还要面临重重艰险和考验，比如巢穴被

人类、鼹鼠，甚至其他雌海龟破坏。就算小海龟顺利爬出蛋壳，在爬回海里的路途中，还得提防兀鹫、浣熊、猫、狗、蜥蜴等的袭击。据统计，小海龟在自然环境下的存活率只有千分之一，所以海龟稀少的原因既有人为的因素，也因其繁殖方式所致。

不幸的是，等海龟们好不容易闯过重重考验，游回大海里，却又面临着新的威胁——人们往海里扔的各种塑料袋、塑料瓶等，让海龟们误以为是食物。于是它们争先恐后地"嗷呜"一口吃掉，却不知道等待它们的是窒息死亡。

海龟在陆地上慢悠悠的样子，给了科学家们重要的启示。要知道在战争时期，有很多地方埋着地雷，战争结束后没来得及排除干净，于是每年总有一些人因为误触地雷而丢了性命。因此，排雷势在必行。但这又是一项非常危险的工作，科学家们就提出了用机器人排雷的想法。近年来，国外的科学家设计研发出一款可以用来排雷和执行其他任务的新型低价的多功能移动机器人"C-Turtle"。这款机器人模仿海龟爬行的样子——缓慢、谨慎地跨出每一步，找到目标，精准挖雷。相信在不久的将来，C-Turtle应该能更聪明、准确地解决排雷的问题。

# 鲸

## 神秘而浪漫的巨型生物

地球上现存最大的动物是什么？嗯，我知道你肯定会脱口而出，没错，是鲸鱼，更确切地说，是蓝鲸。虽然人类能驾驶大船劈波斩浪的历史并不久远，但鲸鱼却早早地进入人类的记忆，赋予我们祖先无比浪漫的想象。

小时候，我曾做过一个梦，梦见自己精疲力竭地划着船，好不容易到了一个小岛上，丢开桨开心地跳上去，感觉小岛的地面似乎有点儿弹性。于是，

我摊开四肢躺下，眯着眼晒太阳。突然，一股水柱从身体下方喷出，一下子把我冲到天上，我吓得哇哇大叫，才发现这不是一座小岛，而是一条巨大的鲸鱼。

之所以会做这样的梦，我想应该是看了电视节目《动物世界》的结果。鲸鱼之巨大，给幼小的我留下了深刻的印象。

古代的人们，同样震撼于鲸鱼之大。

在我国最早的词典《尔雅》中，描述了鲸鱼的巢穴在深海之中，因身形巨大，每一次出入都会影响潮汐——它游出巢穴的时候，海水就涨上来；返回巢穴时，海水就退了。古人称这种现象为鲸潮。当然，这只是古人的想象。

罕见之物的每次出现，都会被人类热情描写。庄子在《逍遥游》里写道："北冥有鱼，其名为鲲。鲲之大，不知其几千里也。"以注释《庄子》出名的东晋学者崔譔认为这里的"鲲当为鲸"。东晋郭璞的《玄中记》里提到一种东海大鱼，说一个渔夫在出海的第一天看到了这条鱼的头，一直行驶到第七天才看见这条鱼的尾巴，说的应该就是鲸鱼。

在中国的传统语境里，鲸鱼一直是神秘、浪漫、自由的代名词。

它一度被奉为海洋神灵。

山东沿海地区有"老人家""赶鱼郎"的说法，这其实是当地人对信奉的鱼神——鲸鱼的尊称。如果渔民在海岸边看到鲸鱼从海里游过，会认为是吉兆，往往会立刻焚香祭拜，祈祷平安顺利；要是在航行途中看见鲸鱼，就会往海里撒上几把米，希望借着给鱼神一点儿好处，祈求它赐予好运。至今，我国的一些沿海地区还流传着"赶鱼郎，黑又光，帮助我们找渔场"的民谣。

它一度被写入诗歌。

宋代著名诗人陆游写道："人生不作安期生，醉入东海骑长鲸。"诗里的安期生据传是位仙人，喝醉了，就到东海里骑着鲸鱼玩耍游荡。不仅陆游，其他许多诗人也将"骑鲸"写入瑰丽的诗歌里。

随着时间的推移，一些搁浅在岸边的鲸鱼为人类提供了就近了解它们的机会。

鲸鱼为什么会搁浅，现在科学界还没有定论。有人认为是地球磁场改变，导致鲸鱼失去方向感；也有人认为是鲸鱼打架，弱势的一方被逼往浅水处；还有人认为是气候异常导致海潮泛滥，退潮后鲸鱼

便搁浅岸边。古书中将鲸鱼的死亡描述得很浪漫，认为"鲸鱼死而彗星出"，相信鲸鱼和星空之间有一种神秘的联系。

面对搁浅死亡的鲸鱼，人们在不同的时期和不同的地方有不一样的反应。有些地方的百姓，即使要割取鲸鱼的须和肉，也要先"向龙神问卜"，在得到神明的允许后才敢执行。那么，鲸鱼肉味道如何呢？有的地方称鲸鱼肉味美，与牛肉类似。据一些地方志的记载，还有沿海居民割取鲸肉后，并不舍得享用，而是特意运送至州县贩卖。虽然有人因

●座头鲸

为食用腐坏的鲸肉而患病，但这并不能阻止古人对鲸肉的热爱。

也有些地方的人会积德行善，尝试将搁浅的鲸鱼送回海中。据光绪年间的民间文献记载，人们在海边发现一条搁浅的鲸鱼，它的脖子上挂着刻有"康熙七年释放"字样的银牌，照此推算，当时这条鲸鱼活了将近两百岁。

还有些地方的人们会取下鲸鱼的油脂，熬制成照明用的灯油。在清朝人的笔记中，用一条鲸鱼熬制的油脂，可供数县百姓用作灯油。鲸鱼的骨骼还可作建筑材料，古人曾用大块的鲸鱼骨造桥。晚清至民国时期，搁浅鲸鱼的骨骼有时还用作展览，供人观赏。随着科学技术的发展，今天的我们还可以在不少海洋馆里看到鲸鱼的标本。

当然，并不是所有的鲸鱼都死在海岸上。中国一直有"一鲸落，万物生"的说法。"鲸落"指的是鲸鱼在深海中死去，尸体缓慢沉入海底的过程。在这个过程中，会以鲸鱼的尸体为主形成一套独特的生态系统。鲸鱼的尸体在分解过程中可以为海底的生物、微生物提供满足生存需要的营养长达百年，成了深海生命的"绿洲"，这算是鲸鱼留给生养它

的大海最后的爱。

鲸鱼的族群里有一种名为抹香鲸，它们的身体能产生一种奇妙的东西，令人类趋之若鹜。但说出来有趣，这种奇妙的东西其实是它们的排泄物，却被人类称为龙涎香。这是怎么回事呢？

抹香鲸特别喜欢乌贼、章鱼等食物，一天可以吃下数千只。乌贼的肉柔软多汁，但是它们坚硬的颚片及内骨骼却很难被消化。在大快朵颐之后，抹香鲸的胃里就会积累大量的颚片和骨骼。为了避免伤胃，抹香鲸会将它们吐出来，但少量残留的颚片

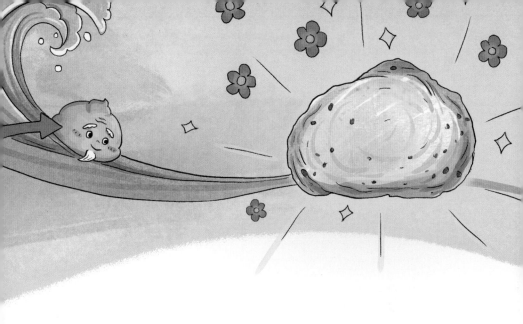

和骨骼最终还是会进入肠道内。肠道受到刺激后，肠道壁会分泌油脂将这些颚片和骨骼包裹起来，日积月累就形成了黑色的、黏黏的粪石，排出体外。

但是，并不是排出体外的东西就直接变成龙涎香了，中间还需要漫长的"蜕变"过程。这些排泄物漂浮在海面上，经过风吹日晒，失水、氧化，再经过海水的洗刷、浸泡，排出其中的杂质，待颜色逐渐变浅，最终变成白色。这样的鲸鱼排泄物，被捞上来烘干后就摇身一变，成了香气四溢、身价大涨的龙涎香。

龙涎香是名贵的中药材，比黄金还贵，还可以用作香水的定香剂，让香水的气味变得更持久美妙。

比黄金还贵的龙涎香让有些人打起了坏主意——猎杀抹香鲸。可这样得来的粪石奇臭无比，根本就没有价值。所以啊，人世间珍贵的东西，都是要经过岁月的淘洗的。

你是不是好奇，明明是鲸鱼的粪石，为什么取名为龙涎香？别急，先听我讲个故事。宋朝的《岭外代答》里记载："大食西海多龙，枕石一睡，涎沫浮水，积而能坚。"意思是说，大食国的西海里有许多条龙，枕着石头睡觉，流下来的口水能漂浮于水面，聚集起来就变成坚固的东西。这种东西有奇异的香味。在古人的认知里，鲸鱼与龙有千丝万缕的联系，涎，又是口水的意思。古人认为这种名贵的药材是龙的口吐物，而不是鲸鱼的粪便。

无论在哪个年代，龙涎香都是昂贵的奢侈品，毕竟抹香鲸数量有限，且逐渐濒危。唐宋时期，阿拉伯人垄断了龙涎香的贸易。于是，在阿拉伯文学名著《天方夜谭》中就有关于龙涎香的故事，故事说辛巴达在第六次的航海历险中，遇上了一座不知名的岛屿，岛上有一眼泉水名龙涎，如蜡油般的龙涎芬芳四溢，奔涌而出，流向大海，被附近的鲸鱼吞食，不久以后，鲸鱼喷涌出的一些物质在海面上

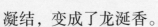

凝结，变成了龙涎香。

　　遨游于大洋中的庞然大鱼，本来与生活在陆地上的人类并无太多交集，却激发了人类无数浪漫的想象，在人类的文化记忆中留下斑斓的色彩。

# 珊瑚虫

## 海底"建筑大师"

珊瑚像生长在海底的树，一直以来都是珍贵的代名词。有珊瑚的地方就一定会有珊瑚礁吗？珊瑚又为什么是五颜六色的？

　　小时候到姑奶奶家，最喜欢看她鱼缸里的鱼。五颜六色的鱼儿在水里的小树间穿梭来往，抖动着彩色的"裙子"，别提多美丽了。姑奶奶说，那水里的树呀，叫珊瑚，来自海洋。于是，我无数次地想把那小树捧在手心观摩，可每次都被爸爸用眼神制止。直到有一次，姑奶奶把它放到了我的手心，笑眯眯地送给我。

那是白色的、有点儿硬的东西，更像石头，不像树。我把它放在桌子上，经常在写完作业的时候，看着它发呆，想象它是怎么从海里到了陆地，又机缘巧合地来到我的面前。它身上有很多孔，白色的"树枝"很脆弱，每一次轻微磕碰，都有粉末落下来。

也许美丽的东西都很脆弱。

直到长大后我才知道，珊瑚是地球上最古老的海洋生物之一，大约有五亿岁啦。

珊瑚由珊瑚虫聚集而成，每只珊瑚虫只有几毫米长，却有许多触手来进行光合作用和捕食细小的浮游生物。所以，不要小看微小的生命，它们不仅很有韧劲，还是建筑大师呢！无

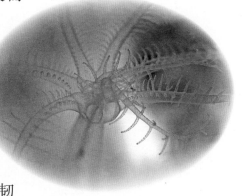

● 珊瑚虫的触须

数的珊瑚虫聚集在一起，能变成树，变成花，变成

城堡……

　　珊瑚最喜欢的家在热带和亚热带海域。所以，如果你到东南及华南沿海地区潜水，就可能看到五颜六色的、像花朵又像树的珊瑚。它们在海里招展，招呼各种彩色小鱼穿梭其间。

　　那么，珊瑚为什么是五彩缤纷的呢？是因为珊瑚虫也是彩色的吗？其实，珊瑚虫本身近乎透明。一般情况下，深色和咖色珊瑚的颜色源于珊瑚虫的共生虫黄藻，但红色、紫色、粉色、蓝色等其他颜色，则源于珊瑚虫自身的普通色蛋白和荧光蛋白。

　　珊瑚自古以来就是海底瑰宝，被视为富贵祥瑞之物。其中，红珊瑚最受热捧。红珊瑚生长得非常缓慢，20年长一寸（约3.3厘米），300年才生一千克，再加上它们只生长在台湾

●红海中的红珊瑚

18

海峡、日本海峡、波罗的海海峡等海域，所以极为珍贵。

我国古代的王公贵族从秦汉时期开始就喜欢收藏红珊瑚。据西汉大臣刘歆在《西京杂记》的记载，汉宫里有一株红珊瑚，是秦朝将军赵佗献给秦始皇的。汉高祖入咸阳时，看到这株珊瑚，就把它放在汉宫中的积草池内。西汉文学家司马相如的《上林赋》、东汉史学家班固的《两都赋》也都描绘了汉宫里流光溢彩的红珊瑚。

《世说新语》里讲了一个叫石崇的晋人，与晋武帝的舅舅王恺斗富的故事。

有一日，晋武帝赐给王恺一株红珊瑚树，王恺想炫耀一下，特地请石崇和一批官员上他家吃饭。在宴席上，王恺命令侍女把珊瑚树搬了出来。这株珊瑚树有两尺高( 一尺约等于33.3厘米 )，枝条匀称，色泽鲜艳。看到如此光艳夺目的珍宝，大家都交口称赞。这时候，傲慢的石崇出场了。他拿起桌上的铁如意砸向珊瑚树，只听"哐啷"一声，珊瑚碎了。大家都惊呆了，主人王恺更是气急败坏。石崇笑了笑说："不急不急，还您便是。"接着，他便吩咐仆人回去把家里的珊瑚树都搬来任王恺挑选。不多

久，仆人们回来了，搬来了大大小小几十株珊瑚树，摆满了王恺的厅堂。这些珊瑚树，株株形态优美、光彩夺目，光三四尺高的就有六七株，大的竟比王恺的高出一倍，至于形状像那株被砸碎的珊瑚树的，就更多了。

从这个故事中可以知道，红珊瑚在历史上就已被贴上"奢华珍宝"的标签，是富贵与权势的象征。在清朝，一品大臣才可以戴红珊瑚帽顶。成语"珊瑚在网"则用来比喻有才学的人都被收罗来了，人才像珊瑚一样金贵，是不是很形象？

对珊瑚的热捧不仅在中国。古罗马人认为珊瑚具有防止灾祸、给人智慧、止血和驱热的功能。在印度，佛教徒视红珊瑚是释迦牟尼的化身，把珊瑚作为祭佛的吉祥物，将其制成佛珠，或用于装饰神像。印第安人则认为"贵重珊瑚为大地之母"。日本人视红珊瑚为国粹。

那找到珊瑚，是不是就能找到珊瑚礁呢？我曾以为珊瑚聚在一起就成了珊瑚礁，其实并非如此，并不是所有的珊瑚都会成为珊瑚礁。珊瑚虫按照能否形成硬礁石，被分为"造礁"和"非造礁"两大类。

造礁类珊瑚的珊瑚虫，有一种特殊的能力，即从海水里吸收钙元素和碳酸根离子，合成碳酸钙变成坚硬的骨骼。在珊瑚虫死后，这些骨骼就化为礁石，新的珊瑚虫以此为摇篮，周而复始、循环往复，积累上万年，最终长成海底珊瑚礁，成为鱼儿们的"水下城堡"。在造礁大军中，造礁石珊瑚是主力军，我国有造礁石珊瑚 400 多种，约占总种类的一半。除了珊瑚虫，珊瑚藻也为珊瑚礁的建造立下了汗马功劳。它的细胞为珊瑚礁的形成提供了石灰质物质，使珊瑚礁黏合在一起。另外，一种微小的动物多孔螅，因为有坚硬的石灰质骨骼，在建造珊瑚礁上也帮了忙。

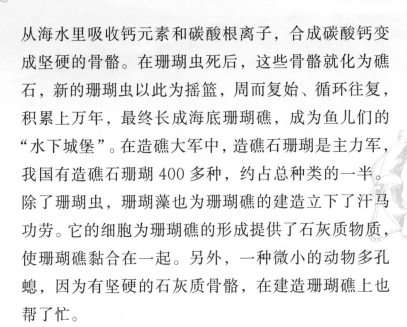

随着时间的推移，"水下城堡"越来越成规模，吸引了成千上万的海洋生物，成为四分之一海洋生物赖以生存的家园。虽然家园里也存在"大鱼吃小鱼，小鱼吃虾米"的生物链，但这就是大自然的规则。

珊瑚礁有多重要呢？它不仅保护海岸线，还能维持海底生物的多样性。加勒比海附近的岛屿，就是由于珊瑚礁消失而遭受海浪的不断冲刷，海岸土壤大量流失，鱼类也因此减少。当然，台风掀起的巨浪可能摧毁珊瑚礁，但它能不断自我修复，在很大程度上减轻风暴潮、海啸对海岸的侵蚀，庇护海

洋生物，也间接造福人类。

可是现在，珊瑚礁却面临危险。渔船拖网不断摧残珊瑚礁，全球气候变暖让珊瑚虫因水温升高而死去，来自陆地的污染也使"水下城堡"的生态系统遭到破坏。据科学家统计，目前全球珊瑚礁的破损速度在不断加快，50年内全球70%的珊瑚礁将会消失！

没有人愿意看到这一幕的出现，对不对？所以，希望大家从我做起，做好垃圾分类，绿色出行，不购买非法珊瑚制品，为保护美丽的珊瑚礁贡献自己的力量。

# 人类捕鱼史

## 取之不尽的"蓝色牧场"

大海是我们的"蓝色牧场"，源源不断地为我们提供许多食物。那"蓝色牧场"都赠予我们哪些食物？我们又是如何在"牧场"里"放牧"和收获的呢？

你钓过鱼，或者抓过鱼吗？公园里经常有许多小朋友，像小猫一样久久地蹲守在池塘边，看小鱼游来游去，不时往水里一伸手，期待能和鱼来个亲密接触。性急的孩子，会拿着捞鱼勺，试图把鱼捞

上来，但往往竹篮打水——一场空。

和鱼的亲近，贯穿人的一生。不仅孩子，许多大人也喜欢钓鱼。他们握着钓竿往水边一坐，开始守株待"鱼"。更有甚者，跟着捕鱼船到远海，哪怕被晒得全身黝黑也乐此不疲。捕鱼，除了需要技术，还要看运气——能不能捕到鱼，能捕到什么鱼，这种不确定性让人欲罢不能。鱼儿上钩拼命拽动绳子带给钓鱼人的震撼不亚于看到喜欢的球队进球时所引起的激动和兴奋。

鱼儿美味，捕鱼刺激，占地球表面三分之二面积的海洋无疑为捕鱼者创造了巨大的"乐园"，成了各类生物尤其是人类的蓝色"餐盘"。

人类有文字记载的捕鱼史可以追溯到公元前1世纪——一位古罗马作家在看到马其顿人用苍蝇做鱼饵，将麻线和公鸡的羽毛绑到用动物角制成的鱼钩上后，第一次用文字记录了人类钓鱼的过程。当然，也有以绘画形式记录的。庞贝古城的壁画就有这么一幕：一个钓鱼人手握长钓竿，竿上固定着鱼线，脚边的篮子里装满了扑腾乱跳的鱼。

根据考古结果，早在古罗马时期人类就已经建立起复杂的渔业捕捞体系。罗马人将捕到的鱼，例如金枪鱼，先在直布罗陀地区的加工区进行盐渍或制成鱼酱之后，再出口到古罗马帝国的其他地区，渔业和鱼类加工业成为当时经济的重要组成部分。现在我们到地中海和大西洋交界的直布罗陀地区，还能找到当年罗马人的渔业加工区遗址。

我国的捕鱼史则更长，可以追溯到旧石器时代。一开始原始人或许是徒手抓鱼。但抓过鱼的人都知道，鱼滑溜溜的，很难握紧。于是，原始人想到"涸泽而渔"的办法：将小水坑或水沟的水排干净，将鱼一网打尽。这种办法可以抓到很多鱼，但不是长久之计，因为大小鱼都被抓了，没有了繁衍的机会，只会越来越少。后来，人们开始用削尖的木棍插鱼，用鱼骨头钩鱼，还有用箭射鱼。想不到吧？据《史记》记载，公元前210年，徐福入海为秦始皇求取仙药时，就带上了众多弓箭手，见鲛鱼则"连弩射之"。

当然，用网捕鱼是更为高效的做法。我国最早的渔网据传是伏羲氏看见蜘蛛结网后获得灵感发明的。网既能捕鸟兽，又能捕鱼，在古代象形文字中，就有用网捕鱼的字形。在秦汉以前的古籍中，已经提到了多种网具和网的结构。

除此以外，还有灯光诱鱼的办法，就是在捕鱼、

捉蟹时点燃火把，鱼和螃蟹看到光亮，就纷纷聚集而来。这是利用鱼、蟹的趋光性来捕鱼。鸬鹚也能捕鱼。在《尔雅》及东汉杨孚撰写的《异物志》里，均有居民在河湖两旁驯养鸬鹚，使之入水捕鱼的记载。

鱼在人类的生活里不可或缺，自然也频繁"游弋"在文学作品里。

我国第一部诗歌总集《诗经》的第一篇《关雎》中写道："关关雎鸠，在河之洲。窈窕淑女，君子好逑。"雎鸠就是一种擅长捕鱼、以食鱼为生的水鸟。《诗经》里用捕鱼来指代寻找另一半，雎鸠想捕捉河里肥美的鱼，男主人公则想追求"窈窕淑女"。

光在河、湖捕鱼怎么够？船的发明，让海上捕捞更为容易，也为人们提供了更多食物来源。仰韶文化遗址出土的船形壶，壶身上有不少网纹，象征人们划船、下网捕鱼的场景。河姆渡遗址出土的木桨、陶舟，也可以证明我国水上交通工具早已产生。

到了明代，海洋捕捞业很受重视，那个时期的人文地理学家王士性在他的著作《广志绎》中写道，每年农历五月，在今天浙江宁波、台州、温州一带的渔民会乘大渔船前往洋山捕捞石首鱼，在港口停泊的渔船首尾相接，长达五千米。渔民们利用石首鱼在繁殖期发声的习性探测出鱼群的位置，再张网捕鱼。这种方式已经和今天的捕鱼方式很接近。明代还出现了专门记述海洋水产资源的专著，如明代屠本畯的《闽中海错疏》、明末林日瑞的《渔书》等，都说明了当时的渔业之繁荣。

渔业的发展，也促进了人类文明的进步。它使人类的活动空间从陆地延伸至海洋。鱼类在风干、腌制后重量轻，且容易保存，却还富含多种营养，是商人、旅行者和远征军队理想的食物。而这些人

的远行，促使世界上许多不同的文明相互沟通、连为一体。

1900 年之前，大海上的捕鱼船，即使是当时渔业最发达的美国、加拿大和日本等国家的捕鱼船，记录捕鱼量也还是以千克为单位，而且大多数捕获的是海底生物和小型远洋物种。1953 年，世界上第一艘来自英国的冷冻拖网渔船下水，为远洋航行和全球贸易铺平了道路。

现在，中国的水产品产量已连续十几年蝉联世界第一位，仅远洋渔业总产量就在 200 万吨左右，有上千艘远洋渔船作业于世界三大洋和 40 多个国家、地区管辖的海域。我们餐桌上的海鲜，不仅来自太平洋，可能还来自大西洋、印度洋。它们从"蓝色牧场"中被打捞起，又坐了许久的船不远万里来到我们面前，是不是应该珍惜这远道而来的大海馈赠的礼物？

有人会问，我们的捕捞技术提高了，是不是渔业的产量也能节节攀升？事实恰恰相反。自 20 世纪 90 年代以来，全球渔获量实际上一直在下降。下降的原因在世界各地都不相同，有的地方是为了实现可持续发展，主动减少了捕鱼活动，而更多的国家则因过度捕捞，已无鱼可捕。

　　随着全球气候的变化，人们以摄取陆地粮食为主的传统习惯可能会发生改变，对海鲜的需求也随之增多。我们必须未雨绸缪，从现在开始爱护我们的海洋环境，守护好"蓝色牧场"。

# 5

# 贝壳

## 美轮美奂的"百变星君"

贝类除了能吃，在古代还是财富的象征。既然如此，海边都是贝壳，古人可以随时去捡，怎么还会有穷人呢？

在我房间的窗前，挂着一串贝壳风铃。每当风吹过的时候，它就发出清脆的声响，像是在和风欢快地打招呼。我坐在窗前读书写字，听着贝壳风铃的声音，想象它带着海的问候，从海里旅行到我的窗前，就觉得无比快乐。

贝壳的种类很多，可以分成两大类：一类是单贝壳，比如海螺、田螺等；还有一类是双贝壳，比如扇贝、河蚌等。人类对贝壳的喜欢，几乎是与生俱来、自然而然的。贝壳有着美丽的形状和色彩，与海边的沙子一样，占据了孩子们对大海全部的爱。

历史上贝壳曾被视为宝贝。我们今天使用的许多汉字，比如"货""财""贵"等和金钱、财富沾边儿的文字，都有"贝"字旁，原因是在遥远的先秦时期，贝壳曾作为货币流通。这种使用天然海贝作为货币进行交易的行为最早可以追溯到夏朝晚期，到了商周时期就已经非常普遍了，建于殷商时期的妇好墓就曾出土六千多枚贝币。

●砗磲

贝壳那么常见，大家怎么不去捡来，一夜暴富呢？其实，在古代，贝壳并不常见。绝大多数生活在内陆的居民，是很难见到贝壳的。而且作为货币流通的贝壳经过了一系列设计，就像我们现在使用的纸币经过防伪加印一样，并不容易获取。

在种类繁多的贝壳家族里，有一个"巨无霸"成员叫砗（chē）磲（qú）。它是海洋中最大的双壳贝类，被称为"贝王"，最大的长达1米，重量超过300千克。"砗磲"一名始于汉代。因这种贝壳的表面有一道道呈放射状的沟槽，很像古代的车辙，故而得名"车渠"。后人因其坚硬如石，所以特意给"车渠"两字加"石"字旁。在中国，砗磲和金、银、琉璃、玛瑙、琥珀、珊瑚一起，被尊为佛教七宝。

砗磲外表并不漂亮，但当它在海里张开外壳时，体内的颜色却绚丽多彩，不仅有孔雀蓝、粉红、翠绿、棕红等鲜艳的颜色，还有花纹。所以，砗磲成了令古人趋之若鹜的艺术品和装饰品。

除了砗磲，还有一种贝壳也让追求美的人类神魂颠倒，那就是珠蚌。它能生产一种皎如明月的装饰品，叫珍珠。当有异物进入珠蚌柔软的身体时，珠蚌受到刺激却又无法将它排出，便只能分泌碳酸钙与珍珠母将它包裹。日复一日、年复一年，最终，"入侵者"摇身一变，成了美丽的珍珠。

珍珠的形成过程似乎说明了一个道理：事有两面性，坏事有时也可能变成好事。让你不舒服的人或事，如果你积极地去面对而不是逃避，终有一天反而可能成为你的收获。

珍珠温润如玉，古人认为其极富灵性。很多珠蚌都产珍珠，中国自古以来最有名的"合浦珍珠"，产自马氏珍珠贝。据《后汉书·孟尝传》记载，靠近合浦的海域本来出产珍珠，但由于当地太守贪财，

● 泉州蟳埔村蚵壳厝古建筑

榨取无度，导致珠蚌迁到了交趾。后来孟尝做了太守，革除弊政，让百姓安居乐业，珠蚌又回到了合浦。这就是"合浦珠还"的故事，后人用这个成语比喻人去而复回或物失而复得。

贝壳还有一个妙用——盖房子。在泉州市东南面有一个叫蟳埔的小村子，曾是古刺桐港的所在地，如今这里还保留着世界罕见的沿海特色民居建筑——蚵壳厝。

"蚵"指牡蛎，与台湾及闽南小吃——蚵仔煎

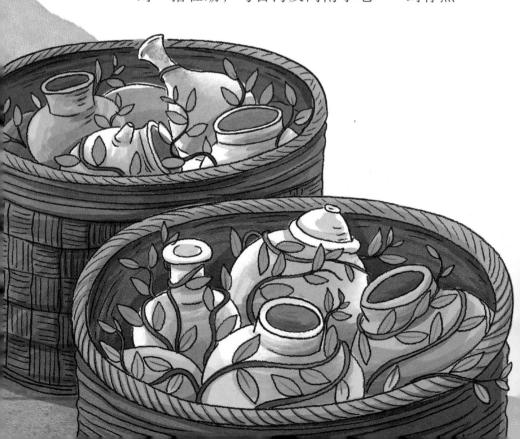

的"蚵"一样。"壳"即贝壳。"厝"则代表房屋。
"蚵壳厝"即为用牡蛎贝壳搭建的房屋。它是古人
靠海用海、就地取材的智慧结晶。牡蛎壳筑墙，一
般采用混合筑法，内墙为杂碎土石，外墙砌牡蛎壳。
牡蛎壳凸面朝上，层层叠好，并用糯米水和土搅拌
后黏接，看上去仿佛一排排鱼鳞。它可以保护内墙
不受雨水冲刷侵蚀，也很适合容易发霉的潮湿气候。
白色的墙面还因反射部分阳光，降低了室内温度。
最棒的是，牡蛎壳不怕虫蛀，坚固耐久，当地民间
有"千年砖，万年蚵"的说法。

这些牡蛎壳的个头都在十厘米以上，当时的闽
南沿海几乎不产这类牡蛎。那么，它们是从哪里来
的、怎么来的呢？

据考证，这些牡蛎可能是从东非索马里海岸，
也可能是东南亚的越南沿海地区运来的。泉州德化
盛产洁白晶莹的瓷器，在海外极受欢迎。泉州港又
恰好是古代海上丝绸之路的重要港口之一，天时地
利人和，瓷器乘着船远航很是方便，因此出口数量
惊人。为避免娇贵的瓷器在航海途中因颠簸而破碎，
商人们在打包好的瓷器夹缝中撒满种子，临行前浇
上水，种子很快就发芽了。在船舶远行途中，有人

专门负责每日给种子浇水，船舱潮湿阴暗，藤蔓疯狂生长，紧紧地缠住瓷器，形成了天然防护膜。瓷器本身就沉，再加上藤蔓的重量，船身沉甸甸的，吃水深，因此可以平稳地航行，在台风天里不容易被掀倒。

船每次经过不同的港口，都要卸下一部分瓷器，瓷器总是很受欢迎，到最后一站时，几乎被抢购一空，而船舶的载重太轻，容易导致重心不稳，航行时不安全。这时，水手们想到了一个解决这个问题的办法，即在海边拾取当地的牡蛎壳作为压舱石运回泉州。年深日久，古泉州港一带便堆积了无数牡蛎壳，于是当地聪明的人们就将其拿来盖房子。

当然，人们喜欢贝壳还有一个很重要的原因，它本身就是很美味的食物呀！酱油姜丝炒花蛤咸鲜无比，文蛤丝瓜汤清甜美味，炭烧生蚝肥嫩多汁……最妙的还是各种螺类，只要严格控制好水温和时间，用白水煮一样鲜美可口。出锅后，拿根牙签往螺肉里一插，再微微旋转，接着一挑，如果海螺的尾巴也能完完整整地出壳，说明你是一个熟练的海鲜吃货。当然，也有人不喜欢用牙签挑螺肉。对付小海螺，还可以用嘴对着大螺孔猛吸，技术好的人，就能"哧溜"一下将螺肉吸进嘴里，混合着烹饪时各种汤汁的味道，再配上一口饮料，吃螺可算是夏夜里很棒的消暑和娱乐方式。对于技术不好的人，任是把螺孔吸得"滋滋"响，把脸都涨得通红，螺肉还是在螺壳里纹丝不动。

　　这就是吃海鲜的乐趣。

# 海带和紫菜

## 长在海里的"蔬菜"

陆地上的蔬菜给我们的身体提供了必需的多种元素和膳食纤维，是我们需要天天见的"伙伴"。那作为"蓝色牧场"的大海又为我们提供了什么样的"蔬菜"呢？

在我所在的南方小城，夏天不仅有蝉鸣，还有黏糊糊的海风。童年时，在每个睡完长长午觉的夏日午后，外婆总会从冰箱里"变出"一盆淡黄色、几乎透明的石花冻。乍一看，还以为是一盆水，忍不住要将手伸进"水"里，却发现"水"很有弹性，滑溜溜的。切一块，盛在白瓷碗里，用不锈钢小汤勺"噗噗噗"压几下，再淋上蜂蜜搅拌搅拌，石花冻就变成了一碗亮晶晶、甜滋滋的碎冰一样的美味。它可比碎冰好吃，碎冰入口即化，而它不仅冰冰凉凉的，还很有弹性。一碗下肚，就像在清泉里洗了个澡，透心凉。外婆很少让我吃冰品，唯独石花冻例外。因为它清热燥湿、清肺化痰，还能治便秘，是消暑良品。

我见过外婆做石花冻。每年5月，她便会到市场上买海石花。外婆说，海石花是种爱干净的植物，只生长在没被污染的海水中。外婆先把海石花反复清洗，洗去附着在表面的沙砾、贝壳，然后让它在太阳下享受"日光浴"，再漂洗，再"晾晒"。经过这样加工后的海石花可以保存很久，到一年中最酷热的时候，我们就能吃上石花冻啦。

海石花变成石花冻，要经过清水浸泡、熬煮、过滤、冷冻等过程。夏天里的石花冻，不仅是大海的馈赠，还是家人满满的爱。

大海献给我们的"蔬菜"，可不只海石花。餐桌上的海带和紫菜，也是来自大海的珍品。

海带生长在海里，叶子十分宽大，像芭蕉叶，又像是巨大的墨绿色飘带。它在海底随波荡漾的时候，就像陆地上最大的树在风里招展。

海带原来生活在1~13℃的低温海水里，后来经过科学家的改良培育，海带适应了南方温暖的海水。南北朝后期，"山中宰相"陶弘景在《本草经集注》中详细记载了当时人们食用的海带的来源："昆布今惟出高丽①。绳把索之如卷麻，作黄黑色，柔韧可食。"海带的大量种植，使之成为廉价的"蔬菜"。它不仅含有丰富的碘、钾、钙等矿物质，还有满满的纤维素，是人类的健康食品。早在三国时期，中医就发现吃海带和紫菜等食物可以治疗大脖子病。此外，海带还十分鲜美，一碗海带排骨汤总能让人食欲大增。为什么海带如此之"鲜"呢？这里还有一个小故事。

一天傍晚，日本化学家池田菊苗正在吃饭，太太端上一碗汤，他尝了一口，觉得鲜美无比，于是问太太汤里加了什么特别的东西。太太说没有，就多放了一些海带。他觉得海带和"鲜"之间可能有

---

①高丽：指朝鲜半岛。

　　某种联系，于是立刻放下碗筷，跑进实验室。最终，池田菊苗发现海带的味道源自谷氨酸钠，而谷氨酸钠能让人产生鲜美的味觉，于是他以海带为原料制造出了世界上第一款增鲜剂——味精。

　　紫菜也是大家并不陌生的食物。紫菜蛋花汤、紫菜卷、紫菜包饭都经常出现在我们的餐桌上。

　　早在 1400 多年前，北魏贾思勰在《齐民要术》

中就提到"吴都海边诸山，悉生紫菜"，以及紫菜的食用方法。唐代孟诜的《食疗本草》中也有紫菜"生南海中，正青色，附石，取而干之则紫色"的记载。至北宋年间，紫菜已成为进贡的珍贵食品。明代李时珍在《本草纲目》一书中不但描述了紫菜的形态和采集方法，还指出紫菜主治"热气烦塞咽喉"，"凡瘿结积块之疾，宜常食紫菜"。

我国沿海的许多地区都盛产紫菜，海边的村落里立冬前后，家家户户的房前屋后都在晒紫菜。人们将紫菜洗净、切碎，用圆形的铁圈将紫菜做成薄薄的"圆饼"，晾在竹晒板上，等阳光把它们烤得暖烘烘、干脆脆时，人们就把它们收起来，堆成一摞一摞的。当然，现在人们也用机器烘干，但仍觉得自然烘干的紫菜原汁原味，风味更佳。按照收割的时间，紫菜可分为头水紫菜、二水紫菜、三水紫菜等。头水紫菜品质最好，往后就一水不如一水。

为什么头水紫菜品质最好呢？因为它们生长于秋冬交替时。秋分前后，养殖户们开始下紫菜苗。这时候的大海，台风少，海水清，最适合紫菜生长。立冬前后，紫菜长成婀娜的丝缕状，就可以采摘了。从秋分到立冬，头水紫菜享受了40多天的生长期，悠然地吸收着海里的养分，后面的几水紫菜，生长期都只有头水紫菜的一半。经过时间酝酿的，往往是好东西，所以头水紫菜格外鲜甜。

大人们常在来不及准备丰盛餐食时，随手抓一把紫菜做汤。晒干收缩的紫菜遇热水迅速膨胀、舒展，变成一锅鲜美的热汤。紫菜的蛋白质含量超过海带，还含有丰富的胡萝卜素、核黄素及多种矿物元素。同时，紫菜中的无机质含量丰富，这是由于海水富含多样的无机成分，而紫菜吸收和储存了海水中的这些无机质。

很多人以为，海苔就是紫菜。其实，海苔的学名叫"条斑紫菜"，属于红藻门红毛菜目紫菜属，说它是紫菜并没有错。我们现在食用的海苔是引进日本的海藻品种，主要生长在我国北方海域。而超市里被加工成盘子形状的紫菜则是在国内海域土生土长的品种，也就是我们上文说的千年前我们祖先就开始食用的紫菜。

# 7

# 海 鸥

## 聪明伶俐的"海上精灵"

如果说，小小的海鸥也曾为我们的航空航天事业作出过贡献，你相信吗？它又是怎么成为人类最喜爱的一种鸟类的呢？

曾有成百上千只红嘴鸥围着我飞翔。

那是在昆明的滇池大坝上。冬天的天空蓝得透亮，风凉得像冰棍覆在鼻尖上。我把自己裹得严严实实的，帽子、围巾、手套一样都不少，去喂红嘴鸥。

每年冬天，红嘴鸥都会从遥远的西伯利亚出发，飞过整个中国，到昆明过冬。昆明市民很欢迎这些远道而来的朋友，于是，冬天喂红嘴鸥成了大家喜欢的游乐项目。

抓一把玉米粒，向天空伸出手，红嘴鸥立刻迎上来啄食。那么多鸟儿在我周围扑腾着翅膀，掀起的气流不亚于小型旋风。我不由得把头往围巾里缩。等手里的食物喂完了，我也学着红嘴鸥的样子，张开双臂在大坝上奔跑。耳边呼啸而过的风、环绕着我的鸟儿、头顶的阳光，让我感受到人与自然和谐相处的快乐。

红嘴鸥是海鸥的一种。在海边生活的人可能都看过海鸥，它们身披洁白的外衣，是海港、渔场的常客。海鸥是群居动物，喜欢成群结队地活动。它们把海当成游乐场，或浮在上面，或游泳，或觅食，一旦发现哪里有好吃的，就呼朋引伴过去。鱼、虾、蟹、贝类是它们最爱的食物。因此，人们认为，哪里有海鸥，哪里就有鱼，将船开到海鸥聚集的地方撒网，准能满载而归。除此以外，海鸥还爱捡食船上人们抛弃的残羹剩饭，所以它们又有"海上清洁大使"的绰号。

　　海鸥是亲近人的。当远航的船员疲倦而无聊地望着一望无际的大海时，海鸥的出现就像跃起的欢快水花。它们经常跟在大船后觅食，给人们带来欢乐。当然，它们还有更大的作用。海鸥是"海上安全预报员"，因为海鸥的骨骼是空心管状的，里边充满

空气。这种结构不仅便于飞行，还像一个小型气压表，能敏锐地感知气压的变化。当大气气压发生变化时，海鸥的飞行高度也会发生变化。如果海鸥贴近海面飞行，未来几天的天气将是晴好的；如果它们在海边徘徊，天气将会逐渐变坏；如果海鸥离开水面在高空飞翔，接着成群结队地从大海远处向海边飞来，或者聚集在沙滩上或岩石缝里，则预示着暴风雨即将来临。

除此之外，海鸥喜欢集群落在浅滩、岩石或暗礁周围，不停鸣叫，对航海者而言，这无疑是友善的海鸥们发出的提防撞礁的警示信号。如果有人在茫茫海雾中迷失方向，没关系，可以利用海鸥沿港口飞行的习性，跟着海鸥走，一般都能找到港口的位置。所以，海鸥是非常讨人喜欢的鸟类。

中国古代文献典籍里，一直有海鸥的身影。

《列子·黄帝》里记载："海上之人有好鸥者，每旦之海上，从鸥鸟游，鸥鸟至者百数。其父曰：'闻鸥从汝游，取来吾玩之。'明日之海上，鸥鸟舞而不下。"说的是有个时常出海的人对海鸥有着特别的喜爱。每天早上他一到海上，就跟海鸥一起嬉戏，亲密无间。海鸥也喜欢他，不断招

呼同伴来和他一起玩，经常引来上百只海鸥。他的父亲知道了，对他说："听说海鸥会跟着你进进出出，你抓一些回来，让我也玩玩。"他答应了。可等他第二天到了海上，海鸥只围着他飞，却再也不靠近他。"鸥鸟忘机"和"鸥鸟不下"两个成语，就源自这则寓言故事。南宋词人辛弃疾在《水调歌头·和王正之右司吴江观雪见寄》写道："谪仙人，鸥鸟伴，两忘机。"裴松注释的《三国志·高柔传》称引说："机心内萌，则鸥鸟不下。""忘机"的意思是消除机巧之心。一个本来生性爱鸟的人，有一天却突然改变了以往毫无心机地和海鸥嬉戏的心态，想要假借和海鸥亲近的机会抓住海鸥，因为心境变了，他接近海鸥时的动作发生了变化，哪怕是细微的，也让充满灵性的海鸥感觉到他的不怀好意，就不愿意再靠近他。这个故事告诉我们：一个人如果遵从赤子之心，对万事万物坦诚相待，就能自在地融入天地自然之中，得到自然的友好接纳和对待；可他如果被俗世的心机束缚，起了贪念邪念，他与自然之间也就有了隔阂。

海鸥的灵性，还表现在它精密的内在结构。海鸥能在水面活动，姿态类似于武侠小说里的"凌波微步"，于是人们通过模仿海鸥的脚蹼和翅膀发明了水上飞机。水上飞机是指能在水面上起飞、降落和停泊的飞机。第一代水上飞机是浮筒式，它的浮筒和机翼分别仿照海鸥的脚蹼和翅膀设计。现在在役的小型水上飞机多数还用的是浮筒式。

不仅如此，我们现在使用的能净化水质的 RO 反渗透膜，也是从海鸥身上获得灵感设计的。据传一位美国教授看见海鸥在海上喝水，好奇它们怎么能饮用盐水却不生病。经过仔细观察，他发现海鸥每喝一口海水，就会吐出半口水。为什么要再吐出半口水呢？教授百思不得其解，不得已抓了些海鸥回去解剖，发现它们的胃里全是淡水。原来海鸥体内有一种膜结构，可以淡化海水，这层膜就是今天的净水机中 RO 反渗透膜的雏形。如今这项技术被应用到航天技术上，用于净化航天员的尿液来使淡水循环利用，后来又被推广到民用水处理上。

或许海鸥身上还有许多可供人类学习、研究的地方，等待着我们进一步发现。

# 海发光现象

## 似有星火坠海间

你见过黑夜里蓝光点点的海吗？那星星点点的蓝光犹如遥远银河中的繁星。而发出这种蓝光的，竟然是一种生物。

"蓝眼泪，蓝眼泪！大家快去看呀！"春末夏初的一天夜晚，整座海滨城市因为这个消息沸腾了，工作再忙的人都要抽出时间，拖家带口来到海边，只为一睹"蓝眼泪"的真容。

果然！海浪拍打礁石溅起的浪花是蓝色的，人们追着海浪奔跑，脚边跃起的浪花是蓝色的。那种幽蓝静谧的光，像是从科幻小说中神秘境地里发出一般，让人忍不住睁大眼睛一看再看，不愿意错过每个变幻的瞬间。

"蓝眼泪"是什么呢？其实是一种名为夜光藻或者海萤的海洋发光生物所引起的海面发光现象。以夜光藻为代表的甲藻类和海萤的体内有荧光素和荧光素酶，受海浪拍打等外界刺激时发生反应，于是发出了蓝色的光，受月份、水温、天气、风向等因素的影响，一年中能见到"蓝眼泪"的机会并不多。

● 平潭岛猫头墘海滩的"蓝眼泪"现象

"如果能一直看大海发光，该多好啊！"许多孩子暗暗许下心愿。

其实，这个愿望是可以实现的。海发光有三种类型。

第一种，火花型海发光。大海里大小为 0.02~5 毫米的发光浮游生物在受到"惊扰"时，体内的一种脂肪物质会发出光亮。"蓝眼泪"就属于火花型海发光。

第二种，闪光型海发光。这是由海洋里体型较大的发光生物，比如水母、海绵、环虫等引起的。这些发光生物发出的光一亮一暗，就像闪光灯，所以叫闪光型海发光。

第三种，弥漫型海发光。这是由海洋发光细菌引起的。只要这类细菌大量存在，海面就会出现一片乳白的光辉。要看这样的发光就比较容易啦，到河口、港湾、寒暖流交汇处，就能找到它们的身影。

海发光可不是我们现代人才看得到的景象。唐代《岭南异物志》记载：在阴晦天气里，海面"波如然（燃），火满海。以物击之，迸散如星火"。意大利航海家哥伦布在航海日记里也记载了他在西印度群岛看到的"移动大火炬"。每次见到海发光，就像是人类和宇宙之间神秘的应答，令人流连忘返。

人类和许多动物一样有"趋光性"——是喜欢光的，自古就歌颂太阳、月亮、星星等一切会发光的东西，包括萤火虫。现代城市里的孩子比较少见到萤火虫，其实，山里的孩子见到萤火虫也是欣喜的，经常拿个玻璃罐把萤火虫带回家，然后躺在床上看它们一闪一闪地发出黄绿色光芒，直到迷迷糊糊地睡去，梦里都是亮晶晶的星星。晋代有一位叫车胤的大臣，他小时候家境贫困，就抓许多萤火虫来照亮书本。"囊萤映雪"成语中的"囊萤"，说的就是他的故事。

扯远了，让我们回到海洋生物中来吧。自然界中能发光的生物有很多，我们刚才提到的就不少。光是一种能量，主动发光是对能量的一种消耗，所以生物们主动发光是一定有原因的。

科学家研究发现，发光是生物用于求偶、防御和摄取食物的一种手段，就像我们提到的引发"蓝眼泪"的夜光藻，也是因为受到外界刺激，比如碰触礁石、被人类惊扰后发光，其实是它们被侵犯后"害怕"的自我保护。夜光藻突然发光，可以吓退想吃掉它们的小鱼小虾。即使防御不成功被吃掉了，

夜光藻仍能在小鱼小虾的体内继续发光，这为小鱼小虾最主要的天敌——乌贼指明了方向。乌贼循着光亮来吃小鱼小虾，小鱼小虾疲于奔命就无法专心吃夜光藻，夜光藻的计谋有时候就得逞了。

海洋里还有些聪明的动物，自己不会发光，却能借助其他微生物发光。

在非洲东北部和阿拉伯半岛之间的红海里，有一种叫"光脸鲷"的鱼。它的眼睛下缘不仅有一个很大的新月形发光器官，里边有大概100亿个发光细菌，还有一层暗色的皮膜附着在发光器官下面。皮膜一会儿上翻，遮住了发光器官，一会儿又下拉，好像电灯的开关，这样一亮一熄，发光器官发出的蓝绿色的光也就一闪一闪的。

白天，光脸鲷就在洞穴或珊瑚礁中休息，晚上邀请小伙伴一起活动，最多的时候，有2000个小伙伴聚拢成球状，一起出行。当它们的皮膜下拉时，你能看见一个巨大的发光球在海洋里闪耀，就像一盏璀璨的水晶吊灯，许多海洋小生物就会趋光追随，因此成了光脸鲷的食物。当然，一些能吃掉光脸鲷的凶猛大鱼也会出现。光脸鲷意识到危险，就会立刻上翻皮膜，一瞬间，光球熄灭了，大鱼们忽然没了方向，光脸鲷趁机逃之夭夭。这样，无论是附着在光脸鲷上的细菌还是光脸鲷自己，都安全了。

研究表明，一条光脸鲷发出的光能让离它两米远的人在黑夜里看清手表上的时间。以这样的亮度，如果车胤当时能逮到一条光脸鲷，就不用费心抓一群萤火虫了。

大鱼们会利用海发光来捕食，人类也曾利用海发光来追踪目标。在文章开头也介绍过，一些浮游生物受到"惊扰"就会发光。所以，巨大的战舰驶过海面自然也会惊扰到浮游生物，那么便会引发海

发光。据说在第二次世界大战期间，盟军的飞机在夜间巡逻时看到海发光，于是仔细跟踪，发现了悄悄航行的德国军舰。

除此之外，海发光还能如何被人类利用呢？

渔民可以借助海发光来寻找鱼群；科学家利用海发光生物的特性，制作了细菌灯（不发热，是冷光灯），用于火药库或充满瓦斯的矿井等禁火场合的照明；环境监测员可以利用发光菌的发光强度来检测环境污染和核辐射。

可是，每个硬币都有两面，凡事过犹不及，一些海发光现象也是有危害的。比如，"蓝眼泪"虽然美得如梦如幻，但如果出现的频率增多、范围增大，可不是什么好消息，这意味着可能由于污染，海水水体过于肥沃、近海环游减弱引发夜光藻暴增。鱼虾们如果不能吃掉这些藻类使生态链保持平衡，藻类反而会黏附在鱼的鳃部上，导致鱼类因窒息而大量死亡。除此以外，藻类在生长过程中，也会和海里的其他生物争抢碳、氮、磷等营养元素，破坏海洋环境。

下次再出现"蓝眼泪"时，你会想去看看吗？去看看究竟是天上的星星亮，还是海里的星星亮？

# 9

# 砂 矿

## 滨海"淘金"

海边除了贝壳，有金子吗？为什么古代有许多人在沙里淘金？生活在现代的我们还能淘到吗？

　　没有哪个人小时候不喜欢玩沙吧？在海边长大的我，常到沙滩上奔跑，再回头看自己留下的一连串脚印，觉得那是自然记录了我的足迹。

　　当然，在沙滩上玩的可不只这一项。把脚一拱

一拱地埋进沙里，绵绵软软、冰冰凉凉的；用沙子堆城堡，和小伙伴们比赛谁堆得漂亮；最吸引人的，还是在沙滩上寻"宝"。当你看见沙滩上突然冒起一连串气泡时，猛地往里一挖，八九不离十，总能挖到顶着螺壳跑的寄居蟹。有时候，你还能挖到漂亮的石头和彩色的贝壳。总之，沙滩就像一座神秘的矿藏，引诱着我们去探索。

长大后我才知道，沙滩附近真的有宝贝。海平面以上的海滩或水下岸坡上，分布着滨海砂矿。砂矿最初都是陆地上硕大的岩石和矿体，经过上千万年的风化侵蚀，被解体得七零八落，大的碎块变小，小的碎块变成砂粒。它们在风力和流水等自然力的作用下，跌入江河，一路顺流而下，到海河口、海湾的时候，来自不同方向、比重和大小比较接近的砂砾汇合在一起，堆积在浅海地带，日复一日，形成颇具规模的滨海砂矿。

世界上大部分独居石、锡石、锆石、钛铁矿、金红石的重要开采源，都来自滨海砂矿。因为滨海砂矿离大陆近，分布广，勘探开采难度不大，在浅海资源中，价值仅次于石油和天然气，所以很受重视和欢迎。我国海岸线绵长，大陆架宽阔，成矿条件良好，拥有丰富的砂矿资源。近 30 年，我国已发现滨海砂矿 20 多种。其中具有工业价值并探明储量的有 13 种。各类砂矿床 191 个，总探明量超过 16 亿吨，矿种达 60 多种，几乎世界上所有滨海砂矿的种类在我国沿海都能找到。这可真是老天爷赏饭吃。

要问滨海砂矿中含量最多的是哪种矿物，非石英莫属。石英可以提取硅，硅是一种熔点高达 1420℃ 的半导体材料，被广泛应用于无线电技术、电子计算机、自动化技术和火箭导航等方面。硅还可以制成太阳能电池，重量轻，供电时间长，能把 13%~15% 的太阳能直接转化为电能，我国发射的人造卫星就采用了这种硅电池。

● 石英晶体

在核潜艇、导弹、火箭和航空工业上应用广泛的钛，同样可以从砂矿中提取，它来自砂矿中的金红石和钛铁矿。20 世纪中期人们才开始在工厂里冶炼钛。钛的硬度与钢铁差不多，但重量几乎只有同体积的钢铁的一半，在火箭和导弹的制造中，就大量用钛代替钢铁。钛的耐热性很好，熔点高达

1725℃。据统计，目前世界上每年用于航天航空工业的钛，达1000吨以上。极细的钛粉，还是运载火箭的好燃料，所以钛又被誉为宇宙金属、空间金属。

●金红石

●钛铁矿

钛不仅能上天，还能入海。因为它非常结实，能承受很高的压力，而大海深处的水压非常高，所以人们就用钛来制造钛潜艇。这种潜艇可以在4500米的深海中航行。钛也不怕海水腐蚀。有人曾把一块钛沉到海底，五年以后取上来一看，去除了其表面附着的许多小动物与海底植物后，它依旧闪闪发亮，一点儿也没有生锈。钛还能抵御各种强酸强碱，就连最凶猛的酸——王水，也不能腐蚀它。

女士们很喜欢的钻石，在滨海砂矿里也能淘到。钻石也就是金刚石，是一种最坚硬的天然物质，被称为"硬度之王"。它有白色、浅黄、天蓝、玫瑰

红等颜色，常被打磨成宝石，镶嵌在贵重的装饰品上，身价不菲。它不仅美丽而且有用，常用于制造勘探和开采地下资源的钻头，以及用于机械、光学仪器加工等方面。近年来，人们还发现金刚石可作为一种半导体材料，已应用于电子工业和空间技术等方面。

既然滨海砂矿里有那么多宝贝，那要怎么开采呢？目前，普遍采用的开采方法主要有四种。

第一种是钢索法，即在钢索一端绑上一个大容量的采砂器，将其伸入海底进行抓采。采砂器装有制动装置，就像鲨鱼一样，入海前张开大口，咬到砂层就把嘴闭上，拉出水面后再把砂吐到指定位置。

第二种是链斗法，即在采砂船前部的支架上装挂数十个采矿链斗，由船上的链轮带动链斗，就像转转乐一样，放入海底进行连续挖矿并传到船上，倒入储砂库。这种方法生产效率较高，成

本低，适用于 50 米水深以内的平坦海底作业。

第三种是吸矿法，即利用船上的大马力浆泵，通过几十厘米直径的吸管把砂和水吸到船上，就像用大吸管吸饮料一样，满满地吸上一大口。在开采坚硬的砂层时，就在吸管头装配高压喷水嘴或旋转刮刀，先把砂层打碎再吸，以提高开采效率。

第四种是潜水采矿法，就是用专业的潜水型采矿机潜到海底作业。这种方法适用于在风浪、海流强烈的海区采矿，但目前仅在少数国家试用。

大家或许会想，既然有那么多宝贝，我们没事时也一人带个铲子去挖好了。不是这样的，凡事都有两面性，随意开发滨海砂矿会带来生态环境问题，比如开发过程中产生的粉尘污染和砂矿中含有的放射性元素可能造成放射性污染和水污染。为此，我国出台了相关法律法规，以保障滨海砂矿的开采依法、科学、有序、有度，实现可持续发展。

# 海 盐

## 美味魔法师

有一种叫岩羊的动物，经常不顾危险到峭壁上找盐，可见盐对动物的重要性。大海的含盐量很高，我们要怎么提取它为人类所用呢？

在每家每户的厨房里，都有些雪白晶莹的小颗粒——盐。一个人如果摄入盐分过少，容易食欲不振、四肢无力，严重时还会恶心、呕吐、视力模糊。此外，盐水还能用来消毒、防腐。比如，我们做火腿、腊肉时，

把盐抹在肉上，它就像保护层，形成了一个微生物隔离带，让肉不易腐坏。所以，别看盐像小娃娃一样个子小、不起眼，它可是很重要的。在革命战争时期，发生过很多感人的故事，都和盐有关。

1929年1月，守卫井冈山根据地的红五军和红四军32团因寡不敌众，根据地五大哨口相继失守，被国民党军队占领了。红五军主力突围后，留下了少数红军隐蔽在崇山峻岭之中，其中有不少是伤病员。为了饿死红军，国民党军队对各个进山路口严加把守，不让老百姓给红军送物资，有违反者，格杀勿论。既能调味又能治病的盐，是非常重要的物资，自然受到特别严格的控制。老百姓爱戴红军，想尽各种办法运盐：把盐藏在竹筒内、篮子底下、双层水桶隔层内等，但常被敌人识破，不少群众惨遭杀害。一位叫聂槐妆的女干部想到了一个好办法：把盐化成盐水，然后将一件吸水性非常好的新棉衣放进盐水中浸泡，待衣服充分湿透后再把它烘干。然后，聂槐妆把自己打扮成走亲戚的农村妇女，穿着棉衣进山，成功通过检查站，把盐送到红军手中。可是因为聂槐妆频繁进山，引起了敌人的怀疑。敌人对她严刑拷打，逼问红军的藏身处。她却守口如瓶、视死如归，最后被敌人杀害，牺牲时年仅 21 岁。

对人类如此重要的盐娃娃是怎么来的？它的家在哪儿呢？没错，它的家是大海。

海水不仅可以用来生产食用盐，还可以用于制造各种工业盐。地球上有那么多人，海里的盐会不会都被我们吃光呢？不会的。海洋中盐的储量大约有 5 亿亿吨。现在，全世界每年消耗的盐仅约为 1.6 亿吨，所以放心吃好了。

那么，盐娃娃是怎么从家里出来的呢？

盐的生产在我国已经有五六千年的悠久历史了。

相传远古时候，在山东半岛海湾沿线的原始部

● 《天工开物》中的"场灶煮盐"图

落里有个能人叫夙沙，他聪明又有力气，地上爬的、海里游的都是他的猎物，每次打猎都收获颇丰。有一天夙沙和往常一样提着陶罐从海里打了半罐水回来，准备把刚捕到的鱼煮了吃。陶罐放到火上没一会儿，一头大野猪从眼前飞奔而过，夙沙拿了工具就追上去，等他扛着死猪回来，罐里的水已经熬干了，罐底留下了一层白白的细末。他用手指沾了沾，放到嘴里舔一舔，味道又咸又鲜。夙沙用它蘸着烤熟的野猪肉吃起来，发现味道好极了。那白白的细末便是从海水中熬出来的盐。

历史上最早被发现的是海盐，然后是池盐，到了战国末期井盐也出现了。20世纪50年代，福建出土的文物中就有煎盐器具，证明在仰韶时期（前5000年—前3000年）人类已学会煎煮海盐。直到宋代，海盐都是通过煮、煎来制取。

盐对人体的重要性，让它在中国历史上一直占据着很高的地位。在中国古代，盐没有替代品，又是日常必需品，因此盐不允许私营，只有在政府规定的地方才能买到。如果不对盐的买卖进行规范，被一些奸商利用，整个国家的安全都会受到威胁。盐不仅关系国家的安全稳定，也为国家带来了大量财富。

《管子·海王篇》中说：国家征房屋税，人们会毁掉房屋；征树木税，人们会砍掉树木；征六畜税，人们会杀掉牲畜；征人口税，人们会拒绝生育。只有国家垄断食盐，人民才无法逃避。因此，盐就成为最理想的税收工具。人人都离不开盐，这就决定了谁也逃不了盐税。

在古代，贩卖私盐是非常严重的犯罪，几乎相当于今天贩卖毒品。在五代十国时期，贩卖私盐会被判死刑；在明清时期，若贩卖私盐，无论多少，统统打一百下板子，发配充军三年。

人人需要盐，盐的需求量很大，如果都采用在"器

●茶卡盐湖

皿中煮卤"的方法，根本无法满足需求。于是宋代以后，人们开始采用阳光晒盐的方法。第一个步骤，得在海边开辟一些水池，趁涨潮时把海水纳入池内，称为"纳潮"。接着，把海水引入蒸发池，让它在日晒下蒸发，变成含盐量很高的"卤水"。最后，把卤水转移到结晶池里继续蒸发，盐就逐渐结晶，沉积成盐田。那日照不充足的地方怎么办呢？别担心，还有一种冷冻法——当海水结冰时，水分凝固，大部分盐会析出，再经过人工加热，盐便会结晶出来。此外，还有电渗析法，和海水淡化的电渗析法原理相同，就是利用电流对海水内部的微颗粒进行分离来获得海盐。这种方法的优点是不受场地限制

●察尔汗盐湖

和气候影响，得到的产品纯度高。

　　不仅人类需要盐，自然界中许多动物也需要。有一种叫岩羊的动物，经常不顾危险到绝壁上找盐。猴子们经常会在同伴的毛发里抓来抓去，并将什么东西塞进嘴里，而这个东西则很可能是小伙伴毛发里的盐粒。

　　盐还为我们创造了美丽的风景。我国著名的茶卡盐湖倒映着蓝天白云，人行其上，如同走在一块巨大的玻璃上，如梦如幻如画。察尔汗盐湖有着各种晶莹如玉、形态万千的盐花，有的像小动物，有的像太湖石，大小形态各异，将盐湖装点得像童话世界。有机会，大家一定要去看一看。

# 海底热液与海底冷泉

## 海底的烟囱和喷泉

大海除了提供给我们食物，还有许多宝贵的矿产资源。那些资源在哪儿呢？大海友善地给了我们信号。这些信号很有趣，我们一起来看看吧。

　　我国自主研制的"蛟龙号"载人潜水器正在深海热液区开展下潜工作。科学家们乘着潜水器到了大洋深处。随着潜水器的下沉，幽蓝的光线逐渐变暗。大洋深处像墨一样漆黑，潜水器上的灯是唯一的光亮。忽然，科学家们兴奋起来——发现了"黑烟囱"。他们小心翼翼地在周围取样，如获至宝。

　　"黑烟囱"是什么呢？实际上它是海底一些特殊地段喷出的黑色、白色或黄色的热液流体。所以还有一些被称为"白烟囱"。海水从大洋底部的断层、裂隙渗入地下，遇上炽热的熔岩变成 $50℃\sim400℃$ 的热液，将周围岩层中的金、银、铜、锌、铅等金属熔解后从洋底喷出，被携带出来的金属经化学反应形成硫化物，这时再遇冰冷的海水便会凝固沉淀下来，不断堆积，最终形成"烟囱"。如果把"黑烟囱"比作树木，那供它生长的土壤就是洋脊。这些烟囱可以有十余米高，形成和生长都十分迅速，但也会很快倒塌，形成一片金属硫物矿床。当烟囱被矿物质充填不再喷溢热

液，就成了"死烟囱"。这一过程，就是海底热液活动。而"黑烟囱"留下的金属矿床，蕴藏着丰富的矿产资源。

自20世纪60年代初人类首次在红海发现热液重金属泥以来，世界海洋底已发现200多处热液活动区。许多国家致力于寻找海底"黑烟囱"，因为它们有着相当重要的科研意义。"黑烟囱"喷射的物质几乎包含了我们工业社会需要的所有东西，比如电子设备需要的铜，制钢需要的镍和锌，显示器需要的铟，甚至贵重金属——黄金。

然而，"黑烟囱"的内液区往往只有篮球场大小，水深在2000~4000米之间。国际上一般将1000米及大于1000米水深的区域定义为深海，深海具有理化环境独特的极端条件——黑暗、高压、低氧，要在深海开展研究工作非常难。不过，我们国家克服了这个困难，在2008年至2011年期间，我国的"大洋一号"科考船在世界三大洋共发现了16处海底热液活动区及其伴生的热液矿床，开启了多金属硫化物的调查和勘探新篇章。

如果你以为，"黑烟囱"喷射出来的物质温度太高，周围应该没有生物，那就大错特错啦。在它们周围，生活着深海管虫、绵鳚、雪蟹、铠甲虾等生物群落。目前还有新的生物种类在不断地被发现。目前人类发现的热液生物已有700余种，平均每个月就发现2个新物种。热液区中热液生物密度非常高，远超出一般海洋生态系统，如一升海水里的盲虾数量最高可达上千只。"黑烟囱"喷口附近还会聚集一些以矿物质和硫化氢等气体为食的细菌和微

● 管虫

生物，而它们又吸引了诸如螃蟹、牡蛎等无脊椎动物前来。至于大家关心的水温，其实这些生物并非纯粹活动在热液中，而是热液与冷海水交汇混合的区域。虽然热液的喷涌通常是持续不断的，但是因为周围有大量的冷海水，所以温度很快就会降下来，生物实际活动的区域温度要远远低于400℃。温暖又食物充足的地方，谁不爱呢？

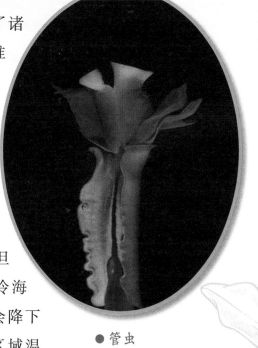

● 管虫

海底不仅有热液，还有冷泉。

冷泉出现在大陆边缘，是由于海底埋藏的有机化合物发生分解，释放出甲烷等烃类气体到海底，像喷泉一样，温度在2~4℃，因此叫作海底冷泉。

2015年，我国首次发现大型活动冷泉，名为"海马冷泉"，位于南海琼东南海域，是目前我国发现的最大深海冷泉生态系统。和热液一样，冷泉源源不断地释放出大量化学物质，供微生物如甲烷氧化菌、硫酸盐还原菌等吃饱喝足，贻贝、白瓷蟹等看到这些微生物，就像进入一个巨大的自助餐厅，大快朵颐，它们长大长胖后，又被鱼类、螃蟹这些高等生物猎食。因此，冷泉生态圈就是深海的生命绿洲，生机勃勃。

这些深海生物的发现，让人类对地球生物的起源有了新的思考，"万物生长靠太阳"的理论不再无懈可击。如果地球生物可以不依靠阳光来维持生命，那么人类或许并不是外星来客，深海可能就是我们的老家。

冷泉也是宝藏。当它溢出的甲烷气体达到一定浓度时，加上海底的低温、高压环境，气体可以在海底直接生成高饱和度的天然气水合物——可燃冰。可燃冰洁白如雪，点火即可燃烧，是一种高效、洁净、储量巨大的新型能源。由于它是水和天然气在高压和低温条件下形成的，所以生来就被高度压缩，一立方米的可燃冰可以分解出160~170立方米的天然气，具有巨大的经济价值。据科学家估算，全球可

燃冰总储量大约相当于全球已知煤、石油和天然气总储量的两倍，而其中97%分布于海洋中。最令人期待的是，可燃冰燃烧后分解只产生二氧化碳和水，是非常清洁的能源。

但是，好东西并不容易获得，海底可燃冰的开采技术难度大。不过，办法总比困难多，相信难不倒聪明的人类。海底蕴藏的丰富资源，将会更多地造福人类。

# 12

# 红树林

## 坚不可摧的"海岸卫士"

鸟儿停在红树林上，变成了树上的"花"，这是一幅美丽的画面。鸟儿为什么喜欢红树林，红树林是红色的吗？

孩童时期的我，总是固执地认为，红树林是红色的。

有一天，在地理课上，老师说箕笥湖边种了一片红树林，接着普及了红树林的相关知识。我瞬间

被"红树林"这个词吸引了全部注意力，脑海里浮现出一片浪漫的红色森林。从小生长在祖国南端海岛上的我，目之所及，四季都是各种各样的绿色。突然来了片"红树林"，怎能不让我心驰神往呢？正好我家离筼筜湖不远。放学后我在湖边仔细地看了又看，根本没看见什么"红树林"，别说"红树林"，连红叶子都没见着。

第二天，我疑惑地问老师，老师哈哈一笑说："昨天没认真听讲吧？我说了呀，红树林之所以叫红树林，并不是因为它长着红叶子，而是它树皮内的单宁含量高，如果受伤了，伤口就会氧化变红，因此得名。"

闹了个乌龙，我悻悻而归。然而后来看到的一个故事，让我还是觉得红树林是红色的。

海南省的温度和湿度，非常适合红树林生长。在战争年代，红树林成了战士们的天然屏障。在广阔的红树林里，树木密密麻麻，形成纵横交错的水路，既便于藏身，也便于出击。因此，革命队伍常选择在这里开展游击战。

红树林不仅是绝佳的游击战场，也是便于隐藏、休整的天然根据地。在红树林的怀抱里，藏着指挥部、医院、仓库、交通站、电台与报社……这里还是很多伤病员的天然"野战医院"。

海南琼崖纵队战士黄霞在《往事二则》中回忆：1942年，日军疯狂扫荡，她和军需员哥光、膳食员徐玉花一起，在红树林里负责数十名伤病员的医疗

护理。他们藏在红树林中，天天和敌人"捉迷藏"。白天在红树林里活动，晚上才划船到珊瑚礁上休息。敌人严密封锁时，他们只好用红树的果实充饥。没有棉花，就用被子里的棉絮；没有药，就自己采草药。在他们的悉心照料下，伤病员们逐渐康复，回到了部队。

红树林的庇护，让革命斗争取得了最后的胜利，听起来令人热血沸腾，这么说红树林可不就是"红色"的？

说了半天，红树林究竟长什么样呢？它其实是一种常绿灌木和小乔木群落，个头不高，喜欢长在热带、亚热带的海湾和河口滩涂上，是陆地向海洋过渡的特殊生态系统。它们根系发达，能在海水中生长，大半被海水淹没，偶尔会随波摇曳。退潮后，红树林的根系一览无遗，呈蛇形、笋形、龙形，盘根交错，深深扎进土里，像是童话里千年密林深处的老树，稳固地护佑着沉睡的城堡。在潮汐的一涨一退之间，红树林悄悄交换着来自陆地和海洋的物质和能量。

每片红树林都在用心地守护着城堡。树冠上密布各种水鸟的巢，而在根系间，你能看见活蹦乱跳

的小鱼和进进出出的小螃蟹。退潮时，它就成了鸟类的"大食堂"。其实，很多海洋动物也会来红树林觅食。一些贝类和昆虫喜欢红树林，钻孔生物也会附着在树的叶子和根上生长。不仅如此，亚热带的红树林海岸还是候鸟的越冬场所和中转站。在发育良好的红树林里还偶有野猪、狸类及鼠类等小型哺乳类动物出没。所以说，红树林是迄今世界上少数几个物种多样性高的生态系统之一。

为了抵御海浪冲击，红树林植物的主干不会一直长大，而是从枝干上长出许多支持根，扎入泥滩里以保持植株的稳定。与此同时，从根部长出许多指状的气生根伸出海滩地面，在退潮时甚至潮水淹没时用以通气，称为呼吸根。

红树林还是"海岸卫士"。它们盘根错节的发达根系能有效地留住陆地来沙、促淤保滩、固岸护堤。它们的树冠仿佛一道道绿色长城，能够有效抵御风浪袭击。1958年夏天的一次强台风，因为有红树林的保护，漳州龙海的堤坝安然无恙，而距它不远的厦门，则因台风产生的凶猛风暴潮，损失惨重。后来人们发现，但凡有红树林的地方，海堤都不易被冲毁。红树林不愧为"海岸卫士"。

不仅如此，一些红树还有医药价值。不同品种的红树林有不同功效，有的红树树皮入药，可治肺虚久咳；角果木树皮捣碎后可以止血、收敛、通便和治疗恶疮，种子榨油可以止痒；榄李的叶片提取物具有较强的抗菌活性，可用于治疗鹅口疮、湿疹和皮肤瘙痒等；另一种红树品种老鼠簕的根可药用，用于治疗淋巴结肿大、急慢性肝炎、肝脾肿大等症状。还有不少红树品种因为花多、花期长，未来可能成为养蜂场，对此有科学家已经在着手研究。

然而，因为围海造田或填海造陆，也因为有的地区并不重视海上造林，全球红树林的面积正在不断减少。一些地方政府对此非常重视，正在努力地开展修护工作，成立红树林保护区。但愿为我们做了那么多贡献的红树林，能够变成许多海岸线的绿色花边，既能给我们美的享受，又能保护我们的生态环境。

# 13

# 海 风
## 来去自如的魔法漂移

魔法大师吹口气，能助你瞬间飘移到另一个地方。这一幕经常出现在动画片里，但现实中有这样的大师吗？

我一直很好奇，海军的帽子上为什么有两条黑色的飘带，直到有一次看书才偶然得知，飘带的设计是受了候风旗的启发，目的是方便观测海风。

战国时期著名哲学家庄子在《齐物论》里有一

个有趣的比喻，说起风是大自然在嗝气，风吹起来的时候，大地万物的孔穴因被它灌满而打破沉默，一个个拼命地吼叫起来，成为风声。可见，在很早很早以前，风已经是古人非常重视的气象了。传说在黄帝时代，就有一个叫"风后"的机构专门负责测风。最早用来测风的工具是候风旗，就是有飘带的旗子。这种最原始的测风工具虽然简单，但方便实用。

按学术上的说法，风能是地球表面大量空气流动而产生的动能，是太阳能的一种转换形式。无论是海风能还是陆风能，都是可再生的清洁能源，并且在许多地方储量巨大。目前人们对海风能的利用和开发主要集中在发电上。当你到上海东海大桥附近海域，就能看到一个个超过30层楼高的白色巨型"风车"挺立在碧蓝的大海上，风叶呼啦啦地转个不停，源源不断地将风能转变为电能。

当然，变幻莫测的风可不只有这个作用。

时间回到宋朝。

冬季的海面上吹起了冷飕飕的北风，一艘满载货物的船从福建泉州港出发。船上除了满载沉甸甸的瓷器压舱外，还载了中药、茶叶等中国特色农产

品，以及铜器、漆器等手工业品。船老大站在船头，望着辽阔的海面，心里暖洋洋的。他在盘算着等到了东南亚和印度，就把船上的货物都卖出去，再买些香料和当地的植物种子回来，卖个好价钱。凭经验，他认为这是一场安全的旅程，海风会是天然的船舶助力器，让他来去无忧。

在那个没有发动机的年代，在大海里乘风破浪靠成百上千的人划桨是不现实的，这样既耗费体力，又效率低下。于是，聪明的古人想到了借力于风。我们现在祝福人家出门说"一帆风顺"，祝福人家升官说"好风凭借力，送我上青云"，都强调了"顺风"的好处。

但是风向是不可控的，怎么才能让风顺人的心意、为人类服务，实现大船的魔法漂移呢？别担心，无论东西南北风，善操控者总能在细微的观察中发现规律，为己所用。经常出海的人们发现，不同季节，海上都存在一种方向恒定的风。不仅如此，海水流动的方向也有规律，后来人们把海水流动的规律叫作洋流，把恒定的风叫作季风。为了顺风顺水，古代的航海家们选择的航线都是按季风和洋流的方向开辟的。因为对风的重视，宋朝统治者甚至还进行"祈风"仪式，于每年夏季四月，冬季十月、十一月或十二月，由主管海外贸易的机构市舶司长官、地方军政长官举行祈风典礼，来祈求航行路上一帆风顺。

我国明朝航海家郑和下西洋，每次率领的船都有几十艘，都是利用季风进行"魔法漂移"。明朝四大才子之一的祝枝山在他的《前闻记》里记载了郑和第七次下西洋的情形，从出发、所经各地及返程的日期来看，他历次下西洋都是在冬季利用东北季风出海的。跟随郑和第七次下西洋的巩珍，在其著作《西洋番国志》也写道：派往各地的船舶完成任务后，都按期在满剌加（马六甲）集中，等到五月的西南风吹起，然后返航。可见郑和船队的返航日期，也是根据季风规律确定的。

当然，风毕竟是自然界的现象，不可能总那么听话，总有遇到逆风的时候。只要心态好，逆风同样也可以被利用。大家都知道，如果逆风航行，无论风帆怎么调整都是白费功夫。于是，水手们同时调整船体和船帆，将逆风变为侧风。风向变为侧风后，船是可以开动了，但船向却与目标方向产生了偏离。所以，在航行一段距离之后，船队需要再次

调整风帆和船向，使其沿"之"字形路线行走。这种航行方法被称为"抢风行船"，600多年前的郑和就是靠这种方法，将船队带到了波斯湾及非洲东海岸。

我们再来说说洋流。一般顺着洋流航行的轮船，要明显比逆着洋流行进的轮船速度更快。1492年，意大利探险家哥伦布第一次横渡大西洋到美洲，花了37天；1493年，哥伦布再次开始环球旅行，从欧洲出发到美洲，则只用了20天。缩短的17天是洋流的功劳。原来，第一次航行时，哥伦布的船队是从加那利群岛出发，逆着北大西洋暖流航行的，所以航速较慢；而第二次航行时，船队先是顺着加那利寒流向南航行，然后又顺着北赤道洋流一直向西。具备天时地利，船队正好进入了盛行的东北季风带，顺水顺风，"魔法漂移"的速度倍增。

当然，洋流也有狰狞的一面。例如，从加拿大北极群岛与格陵兰岛附近海域南下汇聚成的拉布拉多寒流，在纽芬兰岛东南海域同墨西哥湾暖流相遇。冷暖海水交汇，使这里经常云山雾罩，影响航行时的视野。不仅如此，这股洋流每年还从北冰洋或格陵兰海带来数百座巨大的冰山。冰山漂浮于海上，给过往船只带来严重的威胁。号称"永不沉没"的英国"泰坦尼克号"游轮就是因为撞上冰山而沉没的。

洋流也被称为海流，还是一种能量，人们利用它规律性强、可预测、能量稳定且密度大的特点，在海平面下安放了海流发电水轮机，开发和利用海流能。海流能的主要利用方式是发电，前面说到的利用风能发电的是"海上风车"，而利用海流能发电的是"水下风车"，它的发电原理和风相似，就是将海水流动的动能转化为机械能，再将机械能转化为电能。目前，渤海海峡的老铁山水道、舟山群岛的金塘水道和西堠门水道是我国著名的海流高能密度区。

未来，当有人再祝你工作生活"顺风顺水"的时候，你一定要诚心诚意地谢谢他，因为那真是美好的祝愿。

# 14

# 船 舶

## 载梦远航的"梦想号"

永乐年间，郑和七下西洋，在世界航海史上留下了浓墨重彩的一笔。是什么样的船保障他乘风破浪、凯旋的呢？

小时候，我最爱玩折纸游戏，除了折飞机，就是折纸船。折好后把小船放到水里，不管是河水、池水，哪怕是一脸盆水，再用手推着它前进，都能玩得兴致勃勃，幻想有朝一日自己也能纵横于惊涛骇浪间，驶向神秘的彼岸。

征服山川湖海，是人类亘古的梦想。

山川之险，借助绳索等攀岩工具，人们或可克服；若河浅、水流慢，人们也可以涉水渡过；而面对波涛汹涌、一望无垠的大江大海，要想顺利到达彼岸，只能靠船。

远古人类发现漂在水上的落叶，形成了船的初步概念，后来又逐渐发现利用葫芦等外物可以增加自身浮力，由此造出渡水工具，迈出了征服大江大河的第一步。虽然准确确定原始船舶最早出现的年代是一件很困难的事情，但在英国的一个泥炭沼泽里，考古人员发掘出了一支公元前 7500 年的木桨。在荷兰的佩塞，人们发现了一只公元前 6300 年的用燧石工具挖成的独木舟。这说明，至少在公元前 6000 年左右，人们已经开始利用独木舟之类的原始舟船，在水上开展活动。

中国无疑是世界上最早制造出船舶的国家之一。《蜀记》记载了大禹造舟的故事：当时，大禹为了方便治理洪水，想造一艘独木舟。他得知四川梓潼尼阵山上有一种大树，直径达到一丈二寸（约 3.4 米），就命令工匠前去砍伐。结果已经修炼成小孩

模样的树神不同意，大禹还将其抓住并惩罚了他。
夏商时期，我国造船技术进一步发展，从已发现的
最早文字甲骨文"舟"字的字形来看，当时的船已
经不再是原始的独木舟。上海博物馆藏有一只商代
饕餮纹青铜鼎，其铭文栩栩如生地再现了商人手持
贝壳货币、划船前去交易的情景。通过铭文也能看
出，我国当时使用的船已经是木板船，吃水更深，
运载能力也有很大的提升。这说明，船已被那时的
人们广泛运用于水上活动。

　　我国拥有优越的自然条件，江河纵横交错，湖
泊星罗棋布，海域绵长辽阔，所以船一登上历史的
舞台就获得极为广阔的发展空间。从使用原始渡水
工具到发明独木舟，再到造出大型海船，充满智慧
的先民不断积累、创新造船技术，推动船舶的形态、
技术不断飞跃发展，大体经历了三个高峰。

　　秦汉时期是我国造船史上的第一个高峰。这一
时期，我国造的船不仅规模大，而且类型多，其中
已有不少大型的楼船。据古书记载，秦始皇组织过
一支能运50万石粮食的庞大船队，也曾派将领率领
楼船组成的舰队攻打楚国，还派徐福东渡大海去寻
找长生药。由此可见，当时我国造船的能力和水平

居世界领先地位。到了汉朝，以楼船为主力的水师已经十分强大。据说打一次战役，汉朝中央政府就能出动楼船2000多艘、水军20万，舰队配备了各种作战舰只，有勇敢的冲锋船"先登"，有冲击敌船的狭长战船"蒙冲"，有快如奔马的快船"赤马"，还有重武装船"槛"，等等。当然，楼船是舰队的主力战舰。三国时期，吴国造的楼船最大的有五层楼之高，一次可载3000名战士。值得注意的是，由于通往西域的丝绸之路经常受到匈奴骚扰，汉朝先后开辟了三条重要的海上航线。借助越来越大、越来越先进的船，我们的祖先征服大江大海的步伐，已经跨出了本国的江河，向更遥远、更广阔的大洋深处迈进。

唐宋时期是我国造船史上的第二个高峰。在此期间，我国有很多造船基地，造船数量增多；船舶的属具日臻完善，出现了平衡舵；造船工艺日益先进，大量采用钉榫结合技术，普遍设置水密隔舱。比如，江苏施桥出土的唐代木船就大量使用钉榫技术，江苏如皋出土的唐代木船设有9个水密隔舱。古阿拉伯旅行家苏莱曼曾在游记《中国印度见闻录》（851）中讲述：波斯湾风急浪险，航行具有一定

难度，但唐朝的海船体量巨大，抗风能力极强，能畅行无阻……

元明时期是我国造船史上的第三个高峰。元代最有代表性的船就是战船和漕船。据记载，元朝初期，仅水师战舰就有1.79万艘，元军往往只为一场战役就能建造几千艘战船。与此同时，为了保障北方政治中心的物质需求，元朝不仅充分利用南北大运河发展漕运，还大力发展海上漕运。这种大规模利用船舶的行动，有效推动了造船水平的提升。到了明朝时期，我国的造船场分布之广、规模之大、配套之全均是历史上空前的。有南京龙江船场、淮南清江船场、山东北清河船场等，规模宏大。永乐年间郑和七下西洋，则是中国古代船舶最具荣光的时刻。根据记录，郑和每次出航，随行的人数大约为27000人，配备有五桅战船、六桅座船、七桅粮船、八桅马船、九桅宝船等各类海船200余艘。最为瞩目的九桅宝船，也就是"郑和宝船"，长达151.8米、宽61.6米。这些"庞然大物"的出现，推动中华先进文明跨越大洋，到达南亚、非洲，实现了不同文明之间的互鉴交融。而郑和下西洋的时间比葡萄牙人麦哲伦环球航行开启大航海时代早了一个多世纪。

令人遗憾的是，明代中叶到清代，中国实行禁海锁国政策，中国的造船业逐渐失去昔日的荣光。曾经在茫茫大洋中乘风破浪的庞大木帆船，终究不敌蒸汽革命的成果"火轮船"，最终败下阵来。新中国的成立，给中国造船业带来了生机。70多年里，中国不仅建造出普通散货船、集装箱轮船、高端豪华邮轮、超大型油轮，还建造出了巨型海上游轮、LNG（液化天然气）运输船等技术复杂的特种用途船，更了不起的是，还建造了辽宁舰、山东舰、福建舰这样的"海上移动堡垒"。

"长风破浪会有时，直挂云帆济沧海。"每个人都像人生沧海中的小船，难免遇到波折，但只要方向是正确的，靠智慧、勇敢和不服输的精神，必将再次乘风破浪，向着光荣和梦想远航。

# 桥

## 天堑变通途

如果想到对岸去，最便捷的方式就是过桥。但是如果我们面对的是汪洋大海，要怎么造桥呢？大海那么深，桥墩怎么建呢？

作为连接的纽带，桥自古以来就出现在人类的生活中。一开始，它是以天然的形式出现的，比如自然倒下的树形成"独木桥"，两岸藤萝纠缠在一起而形成天生的"悬索桥"等。随着生产力的提高，

桥越来越复杂，作用也越来越大，跨江大桥、跨海大桥，仿佛蛟龙出水，让"天堑变通途"。到后来，桥有了引申意义，比如"连心桥""友谊桥"。不过我们今天要和大家聊的，是跨海大桥。

我国现存年代最早的跨海大桥，是坐落于福建泉州的洛阳桥。洛阳桥在洛阳江口，桥长834米，宽7米，由北宋时期的泉州知州蔡襄主持修造。当时的洛阳江"水阔五里，波涛滚滚"，人们往返只能靠船渡江，每逢风大浪高，常常连人带船翻入江中。受那时候造桥技术水平的限制，搭建一座超长的跨

● 洛阳桥

海大桥，难若登天，泉州地方官和人民耗费漫长时间和大量钱财屡次尝试，仍以失败告终，为谋生计百姓们只能涉险渡江，却因此"沉舟被溺，死者无算"。蔡襄到任后，坚信只要一心为民，就没有克服不了的困难。他带头劳动，出资出力，百姓们被感动了，越来越多的人自发参与到造桥工程中。六年时间过去，洛阳桥终于通了！百姓欢欣雀跃，永远纪念蔡襄。

为什么在蔡襄之前无法克服的造桥困难，后来解决了呢？办法总比困难多。造桥工匠创造了一种直到近代才被人们重新认识的新型桥基——筏形基础。洛阳桥濒临出海口，土基松软，传统的打桩方法并不适用。"筏形基础"用满载石头的船，形成一条横跨江底的矮石堤，作为桥墩的基础。解决了桥基问题后，设计者考虑到海水冲击对桥墩的破坏，他们创造性地采用了"种蛎固基法"，就是在桥下养殖牡蛎。可别小看了牡蛎，它的繁殖能力很强，而且无孔不入，一旦跟石头连成一片后，用铁铲也铲不下来。工匠们利用牡蛎的特性，让石桥的基石胶粘在一起，使桥基变得更加牢固，是不是非常聪明？今天，我们仍可以看到洛阳桥下那些缀满白色

牡蛎的桥墩石。

　　跨海大桥短则几千米，长则数十千米，受到的威胁比跨河大桥更多，所以跨海大桥的建造对技术的要求很高。时至今日，我国的造桥技术飞速发展。2018年10月24日，位于中国广东省珠江口伶仃洋海域内，连接香港、广东珠海和澳门的港珠澳大桥正式运营通车，极大地缩短了三地的距离，也拉近了内地人民和港澳人民的心理距离。港珠澳大桥因其超大的建筑规模、空前的施工难度和顶尖的建造技术而闻名世界。

伶仃洋海域的海水可比洛阳江口的深多了，在这么深的海底，大桥的桥墩是怎么建造起来的呢？目前世界上建造跨海大桥的桥墩一般有三种方法。

　　一是围堰法。这种方法就是修建海水隔离带，把要建设桥墩的地方用止水的结构或建筑围起来，这样隔离带就隔离了里外的海水。接着，用

● 围堰法

抽水机等设备把隔离带里的水抽干，裸露在隔离带里的土地就与陆地上的施工地相差无几了，施工人员进入隔离带里正常工作。等桥墩建设完成之后拆除隔离带，让海水涌入，这样桥墩就在海中啦。不过围堰法只适合水深较浅的区域，并且容易造成水域污染，影响海上通航。

　　二是沉箱法。这种方法就是先放一个有顶无底的箱式结构体到水里，同时在这结构体内部设置浮板，让箱体可以下沉或上浮。为了让人员、材料、泥土可以进出，结构体顶部装有气闸，同时保持工作室的固定气压。施工时施工人员在内部沿筒壁挖

土，由机械设备向外弃土。达到预想的深度后，再将结构体底部封死，注入混凝土，这样一根桥墩就破水而出了。沉箱法施工是中国桥梁专

●沉箱法

家茅以升发明的，最早用于钱塘江大桥桥墩的建设。但这种方法的弊端就是施工人员必须在海底的高气压下工作，而气压对人体的伤害不小。因此，在机械化程度很高的今天，沉箱法已很少使用。

三是打桩船法。打桩船法是将桩直接打进海底的土层之中，依据海底不同的岩石特征，工程师可以选择不同种类的桩。每座桥墩都是由几根乃至几十根相互

●打桩法

平行的桩协同作用形成的一个整体。桩基的承载力对桥梁是否安全起着至关重要的作用，所以选择桩基的

时候需要对水底的土壤进行判断。这种方法适用于深水域操作。港珠澳大桥就是用了这种方法。

只修好桥墩肯定是远远不够的，建筑设计师还要解决海水对桥墩的腐蚀问题，以及大型船舶意外撞击桥墩的危险。所以，为了提高桥墩承受冲击的能力，设计师会在它的上边外挂组件，比如好用的充水胶囊。当桥墩遭受到船舶撞击时，这些外挂组件会消除撞击产生的部分冲击力，让桥墩免于被破坏，这和汽车在紧急状态下弹出的安全气囊是一个原理。

跨海大桥会不会对海洋生物造成影响呢？中国的设计师在这方面交出了完美的答卷。伶仃洋上生活着许多可爱的中华白海豚，为了尽可能减少对白海豚的影响，港珠澳大桥的所有大型构件全部在工厂完成，再运抵海上安装，以最大限度地减少海上作业的人员、时间和装备数量。在施工过程中，施工船舶还经常为白海豚"让道"。有一次工人正在进行砂桩作业，观察员突然发现旁边出现了两头白海豚，怕施工噪音等各方面因素影响白海豚，大家停下手头的活，让小家伙们"玩"得尽兴，这一等，就是四个多小时。工程结束后，白海豚们不仅没有

"搬家"，数量还增多了。港珠澳大桥不仅仅是中国由桥梁大国迈向桥梁强国的里程碑，还成了一座代表人类与海洋和谐相处的丰碑。

当你有机会徜徉在各种桥上的时候，在享受便利的同时，你会想到什么呢？会想到为造桥付出的人们吗？无论是洛阳桥还是港珠澳大桥，都为增进人民福祉作出贡献，都会被历史和人民铭记。

# 16

# 海底隧道

## 穿越海的心脏

寂静的深海，海底隧道穿梭而过，我们能从隧道里看到鱼吗？海水会漏进隧道里吗？

在见到海底隧道之前，我对它充满美好的想象。

在我的想象里，它应该是条蓝色的隧道，四周用玻璃围起来，走进其间，能看见各种海洋生物在我的头顶和身旁游动。或许还有五颜六色的珊瑚和

水草，在悠闲地绽放。在海底隧道里的旅程应是浪漫的，不仅可以快速便捷地到达想去的地方，还有海底生物的陪伴，旅程再长也不会乏味。

当我知道厦门的第一条海底隧道——翔安海底隧道要通车时，我很兴奋。可当真见到它时，我却失望了，它和普通的隧道并无区别，周围都是灰色的水泥，别说鱼了，连珊瑚和水草的半点儿踪迹也没有。虽然失望，但我立刻冒出了第二个想法：海底水压那么强，长年累月的，会不会把隧道壁压裂，海水会不会渗进隧道里呢？到时候或许真能看到鱼了，但又怎么逃生呢？

工程设计师当然考虑到这一点，设计师在隧道结构设计时必然会充分考虑海水压力的问题，以及如发生火灾等紧急情况时，隧道内人员的安全紧急避险和逃生通道。如果真的漏水了也不必担心，以港珠澳大桥为例，隧道每隔500米就有一个停车区，每240米就有逃生通道和楼梯。大桥的管理人员24小时都在监控隧道的情况，一旦发现漏水，便会立即通知隧道里的车辆撤离，并且在附近驻扎的救援人员也会在两分钟内赶到现场。

既然我们的工程师这么厉害，为什么不把海底隧道做成透明的玻璃管道，像海洋馆一样，让我们透过玻璃看到游动的鱼呢？其实呀，他们不是没设想过。但是能抵御超强水压的玻璃成本非常高，会提高整个工程的成本，不划算。而且，玻璃的强度再高也不如钢筋混凝土。最重要的是，大海深处是毫无亮光的，就算有了玻璃隧道，我们也压根看不到鱼，而隧道里的灯倘若穿透出去，反而会改变海底生物的生存环境，打扰它们的生活。

大海有着博大的胸怀，除了提供给我们食物和能源，还允许我们在它的怀抱里"动刀动枪"，已经有那么多大桥了，我们为什么还得建海底隧道呢？那是因为海底隧道有很多优势。它不仅可以在不影响船只正常航行的情况下，解决海峡、海湾两岸的交通问题，而且不占陆地和海面空间，即使发生台风、雷暴等灾害性天气，隧道的通行也不会受影响。除此以外，海底隧道还为大容量光纤通信电缆、高压输电线、天然气管道的铺设提供了便利。

大家都知道，在海底施工，难度比在陆地上施工大多了。海底隧道的建造主要采用以下几种办法。

第一种是钻爆法。这种方法又叫矿山法。先用炸药爆破，使岩体破碎，然后将岩石残渣运出，再将整个断面挖掘成设计好的轮廓（通常是拱门形），随后修筑固定物把这个轮廓固定下来，整个过程循环往复。因为爆破对海底岩层的影响较大，一旦

● 钻爆法——岩体爆破

● 钻爆法——修筑轮廓

出现海水渗入的情况，就要立即注浆封堵。厦门翔安海底隧道、海沧海底隧道和青岛胶州湾海底隧道，都是采用这种施工办法。

第二种是沉管法。就是将制作好的沉管放到海里，首尾相接，有点像我们接吸管一样，在管道连接处做好防水很重要。为了防止管道上浮，还得在管道上方铺设很多碎石。这种方法不适合水流湍急的海域。香港多条海底隧道，包括港珠澳大桥的海底隧道部分，采用的就是沉管法。

第三种是掘进机法。它是用特制的大型切削设备，将岩石剪切挤压破碎，然后通过配套

●沉管法

的运输设备将碎石运出。连接英国及法国的英法海峡隧道就是采用掘进机法挖掘的。

第四种是盾构法。这种方法更适合软土，其原理大体与掘进机法相似，是将盾构机在地中推进，就像一

●盾构法

只穿了铁甲的巨型蚯蚓。不，它比蚯蚓有力气多了。盾构机的"铁甲"能支撑四周岩石，防止发生隧道内坍塌，同时还能把挖开的土"吃了"，通过身体里的出土机械运出洞外。接着，盾构机后的千斤顶再一助力，盾构机继续前进，顺带把预制混凝土管片贴到岩壁上，形成隧道结构，相当能干。

这四种方法并不是孤立运用的，在实际施工过

程中经常并用，以提高工作效率。

　　海底隧道能极大地缩短时空距离。山东省烟台市和大连市的直线距离不过一百多千米，但由于渤海海峡的阻隔，却要绕行，来往于两地之间至少需要6个小时。于是，我国计划在烟台市和大连市之间修建一条海底隧道，隧道内还可以通动车，设计时速为250千米，运行速度能达到220千米/小时，届时从烟台市到大连市只需要40分钟。如果这条海底隧道建成了，将是全世界最长的海底隧道。但是，修建这条隧道可不是一件容易的事情，要克服许多技术难题。目前世界上最长的两大海底隧道：一条是日本的青函海底隧道，全长不过54千米；另一条是英吉利海峡隧道，长度也不过50.5千米。而中国要修建的这条从烟台市到大连市的海底隧道，长度是上面两条的两倍，难度之大可想而知。

　　但我相信，没什么能难倒智慧的中国人民。

# 沉船与考古

## 埋藏于深海的时光宝盒

辽阔和深沉的大海，曾经驶过多少船只？它们有的不留痕迹地平安抵达目的地，有的可能遭遇风暴、海盗等意外事故，沉入海底。这些沉船如同时光宝盒，尘封着过往的时光，让今天的我们能窥见往日海上"街道"的繁华景象。

有首诗写得很好："有时候／关切是问／而有时候／关切是不问／倘若一无消息／如沉船后静静的海面／其实也是／静静地记得。"

海底的沉船就像时光宝盒，不言不语，等待着有一天被人们发现，重见天日，揭开曾经辉煌的故事。

人类水下考古的历史并不长。19世纪30年代，因为潜水面罩的问世，人类离海底世界近了一步。随着19世纪中期瑞士湖上居址的确认，并进行了水下古代遗迹的科学调查和发掘，才标志着水下考古学的确立。20世纪40年代，法国人发明了"水肺"，解决了10米以下的水下呼吸问题，考古工作者才终于摆脱了对职业潜水员的依赖。我国的水下考古工作从20世纪80年代开始，逐步形成体系。

说到这，很多人可能会对水下考古充满好奇，脑海里可能会浮现出这样的画面：幽暗深邃的海底，有一艘锈迹斑驳的巨大沉船，色彩斑斓的鱼群围着它游来游去，船里的宝贝数不胜数，随便一件都价值连城。

想象总是浪漫的。水下考古不同于陆上考古，水下环境缺氧、高压，加上受天气、潮汐、洋流等不确定因素的影响，因此考古工作更加凶险。正因为如此，水下考古要靠天吃饭，要选择在相对平缓的平潮时间工作，高平潮和低平潮加起来也不过两个小时。如果遇到平潮期在晚上，那么每天的工作

时间最多也只有一个小时。水下考古的另一层考验是水压。为了抵抗水压对人体的伤害，考古工作人员下水前必须穿上厚厚的潜水服，再加上背在身上的各种器材和防身武器，总重量可达到 70 千克，这就增加了水下潜水的难度。每次下水，考古工作人员都必须做好精密的准备工作，一旦时间和装备出错，就会无功而返，甚至命丧海底。此外，生活在海底的动物有时候也是危险源之一，比如若被水母蜇到，皮肤就会像被烙铁烫过一样发红、变黑，危及生命安全。更别提遭遇巨型鱼类了。所以，要打开"时光宝盒"并不容易。

在我国，专业的水下考古人员可是稀缺人才。水下考古还不是一个独立学科，目前国内仅有少数几所大学开设相关课程，急需储备更多的人才。

打开"时光宝盒"需要工具。2014 年，我国第一艘水下考古工作船——"中国考古 01"号诞生。它的使命是承担水下文化遗址的普查、专项调查及小型

● "中国考古 01"号

发掘工作。它的身体里配备了各种物探设备，来发现、确认和定位水下文物遗存。同时，它还有专门的工作舱，以满足对水下遗存进行测绘记录、摄影摄像、清理遗址、提取文物以及初步处理、暂时保管出水文物的需要等。随着我国海洋科技的发展，水下考古工作者还使用"深海勇士号"深潜器，实现了在千米水下开展深海考古工作。

近40年来，每开一个"宝盒"，我们对历史的了解就会更近一步。西沙华光礁沉船、广东"南海一号"、福建圣杯屿沉船像一个个海底坐标，标明了海上丝绸之路的航线，让我们直观地看到中国古代海洋贸易和对外交往的繁荣景象。对在中日甲午海战中沉没的"丹东一号"（致远舰）的发掘，为研究中国近代史提供了翔实可靠的资料，也为爱国主义教育提供了最佳实例。

1987年8月的一天，风平浪静的广东省海域传来激动人心的消息：广州救捞局与英国海上探险和救捞公司在作业时，没有找到预想的东印度公司沉船，却意外发现了深埋在海底的另一条古沉船，并打捞出一批珍贵文物。这可是条"宝藏船"！由于这艘沉船的位置在传统海上丝绸之路的航线上，专

家认为其历史价值不可估量，便将它命名为"川山群岛海域宋元沉船"，也就是"南海一号"。"南海一号"是迄今为止世界上发现的海底沉船中，年代最久、船体最大、保存最完整的南宋远洋贸易商船。

按国际惯例，要发掘这么有价值的沉船，一般要先把金银珠宝等珍贵物品运出，然后将沉船分解，把各部分分别打捞上岸，再组装恢复。但考古的目的不是挖宝贝，对遗址的最小干预是考古工作的最高追求，如果对"南海一号"进行分割，这艘800年前的南宋沉船所蕴藏的很多原生态的历史信息可能丧失。于是，考古队提出了一个"石破天惊"的想法：整体打捞，也就是把整艘船从海底托起。后来证明这样的做法是很有先见之明的，在船上，考古人员发现了咸鸭蛋、羊头、坚果、杨梅和稻谷等文物，其中咸鸭蛋还看得见蛋黄。如果在海底进行船体分割，这些研究古农业的资料就可能丢失了。

整体打捞说起来容易做起来难。经过20年的准备，2007年，考古工作者将一个特制的钢铁沉箱放到水底，并在上边压了水泥重块，清理了沉箱周围的泥土，总算把"南海一号"严严实实地罩住。接着，又克服了无数困难，在箱体插入36根钢梁，花了整整 9 个月的时间，才把沉船拖起来，移入了专门为它打造的"水晶宫"——位于阳江市的广东海上丝绸之路博物馆。博物馆的主展厅是一个巨大的玻璃缸，用来放置"南海一号"。为了最大限度地保护文物，玻璃缸里的水质、温度及其他环境都与沉船所在的海底情况完全一样，而这个玻璃缸就叫"水晶宫"。

让"南海一号"在"水晶宫"安家并不是"南海一号"考古工作的结束。参观者走进博物馆，透过"水晶宫"的透明墙壁，不仅可以欣赏古船，还可以看见考古工作者在水下发掘打捞文物的示范表演。而除了表演之外，考古工作者还围绕着"南海一号"做了各种工作，历时十余年，徒手从船里清理出土了 18 万余件文物。我们不仅能通过这些文物了解古代的手工艺发展水平、造船术、航海术、海上交通和贸易情况等，还能了解当时的民风民俗。

船上的文物或许不会猜到，它们会以这种方式被人记住。但我们更应该记住的是，我们的祖先除了创造了辉煌的农耕文明之外，还创造出了灿烂的海洋文明。

# 18

# 海陆变迁

## 沧海桑田多变换

烟波浩渺的大海，会不会在未来的某一天变成一马平川的陆地？你脚下的土地，有没有可能原来是哪条鱼的家？

中国晋代医药学家葛洪在《神仙传》中记载了这样一个故事：从前，有名叫王远、麻姑的两位仙人，相约饮酒。喝得高兴时，麻姑对王远说："自从得道以来，我已经亲眼见到东海三次变成桑田。刚才到蓬莱，又看到海水比前些时期浅了一半，难道它又要变成陆地了吗？"王远叹息道："是啊，圣人们都说，海水在下降。不久，那里又将扬起尘土了。"

虽然这是神话故事，但也说明在漫漫时间长河里，大海的确会变成农田，农田也会变成汪洋大海，并且古人早就注意到这种沧桑巨变。充满浪漫情怀的唐代诗人更是对这种"沧海桑田"的意境情有独钟，经常直接或间接地体现在作品中。据统计，《全唐诗》中有近百处直接或间接引用这个词，用来描述时间的变迁、世界的变幻。

导致大海变成陆地的原因，有一部分是大自然的魔力。河流携带入海的泥沙沉积、地震导致海床抬升、火山喷发等情况都是大自然魔力的体现。山东省东营市就有一个能够"生长土地"的神奇地方。万里黄河从黄土高原带来大量泥沙，在东营垦利区境内汇入渤海时，流速变慢，泥沙沉积，每年能够造出陆地约 3 万亩。黄河日复一日地造陆，昔日汪洋变成了中国最完整、最广阔、最丰富的湿地生态系统——著名的黄河三角洲国家级自然保护区。如今这里草长莺飞，白鹳、黑嘴鸥等鸟类闲庭信步，被人们誉为"鸟类的天堂"。

　　大自然有一双神奇的手，能够变大海为陆地，也能够变陆地为海洋。2022 年 1 月，南太平洋岛国汤加的洪阿哈阿帕伊岛海底火山剧烈喷发。仅一天时间，这座曾经高出海平面 100 多米的小岛就几乎从南太平洋上被"抹去"了——小岛绝大部分土地已沉入海面之下。但不用担心，这座小岛已经在南太平洋沉浮了很多次，说不准哪天火山再次喷发，它又会神奇地长出来。

　　到了近现代，随着科学技术的进步和人类对自然规律认识的深入，人类利用自然规律的能力也越来越大。人们不再如中国上古神话传说里的精卫那样"每天从山上衔来石头和草木"填海，而是能够借助大型机械设备，开展围海造田、海上机场、人工岛等大规模的工程建设，使"沧海"在人力的作用下迅速变为"桑田"。

　　在围海造田方面做得最出色的当属荷兰。荷兰的国土面积只相当于两个半北京，26% 的国土位于海平面以下，是闻名世界的"低地国家"。自 13 世纪开始，荷兰人就运用围、堵、排、填"四大法宝"，向大海要土地，至今已拓展出约 6000 平方千米的土地，相当于国土总面积的 15%。为此，荷兰还自豪地创造了一句玩笑："上帝创造了世界，但荷兰人创造了荷兰。"

海上机场，顾名思义就是在大海上建造飞机场。这是 20 世纪七八十年代才兴起的潮流。这一向大海要发展空间的独特思路，因其节约土地资源、对城市环境影响较小而引起沿海国家的关注和效仿。自 1975 年日本第一次利用海域建设长崎机场并投入运营以来，世界各国已先后利用海域成功建设了十几个机场，如日本关西国际机场、中部国际机场，韩国仁川机场等。近年来，我国的沿海城市大连、厦门等也采用这一思路，分别建设了金州湾国际机场、翔安国际机场。

说到人工岛，不得不提到迪拜的棕榈岛。这是目前世界上最大的填海造陆项目之一。岛屿绵延 12 平方千米，伸入阿拉伯湾 5.5 千米，由一个棕榈树干形状的人工岛、17 个棕榈树形状的小岛以及围绕它们的环形防波岛三部分组成。其中朱美拉棕榈岛规模庞大，从太空中都能看到，现在已成为一处知名的旅游胜地，每年吸引无数来自世界各地的游客来此休闲度假。

近年来，随着工程技术和设备的进步，我国一

些沿海城市也根据自身发展需求，推动建设人工岛。其中，比较有名的有海南儋州的海花岛、海南万宁的日月岛、上海的南汇新城等，其中尤为引人瞩目的是兴建于碧波万里的南海中的永暑岛。三沙市的永暑岛，在没开发填埋之前，是一个面积仅为0.6平方千米的小珊瑚岛礁。2014年8月至2015年4月，经过我国工程建设者们8个多月的填海造陆，永暑岛的面积已经扩大到2.8平方千米，成为南沙群岛的第三大人工岛。目前岛上已经建立了机场跑道和基本的生活设施，极大拓展了岛上乃至三沙市的发展

空间，对维护国家主权与领土完整，以及国家的经济安全具有非常重要的意义。

值得一提的是，永暑岛之所以仅用 8 个多月，就能从一个小岛礁变成一座大海岛，离不开我国自主设计建造的"填海造陆神器"——"天鲲号"重型自航绞吸船。这个长 140 米、宽 27.8 米的大家伙，只要开足马力，不出一周，就能造出 3 个水立方大小的岛屿。在此之前，中国的重型装备制造一直受制于人，关键技术受到外国的封锁。2002 年，中国曾到荷兰去购买挖泥船，但是荷兰为了防止技术泄

●朱美拉棕榈岛

露,甚至不允许中国的技术人员登船参观。不过,拥有完全自主知识产权的"天鲲号"的诞生,突破了外国的技术封锁,标志着我国重型装备建造水平跻身世界前列。

技术的进步,增强了人类变海洋为陆地的能力,但无节制的填海工程,会使海岸水动力系统和环境容量发生急剧变化,从而大大减弱海洋的环境承载能力,降低海洋环境容量。土地资源稀缺的日本曾在海岸线大规模填海造陆,但由于海岸线被垂直建筑取代,海洋生物无法栖息在岸边,同时又因为工厂和城市长期排污使硫酸还原菌等细菌大量滋生,导致附近海域的海底如今已完全变了模样:海水自

● "天鲲号"重型自航绞吸船

净能力减弱，纳潮量减少，海水水质恶化，"赤潮"大量出现，很多靠近陆地的水域一度没有了生物活动。尽管后来政府制定了相关的法律措施来弥补，情况得到了一些缓解，但要恢复到以前的模样非常困难。

海洋是孕育生命的摇篮，是人类赖以生存和发展的第二空间。因此，我们应合理科学地填海造陆，而非无止境地索取和破坏。

# 19

# 港 口
## 连接海陆的枢纽

　　一个港口可以点亮一座城市，一座城市甚至一个国家也可以因一个港口而兴盛。港口究竟有什么魅力，能够吸引远道而来的朋友？

　　每个人的心里都有属于自己的"港口"，可能是温馨的家，可能是一本书，可能是一个朋友，还可能是一个环境。古往今来许多作家都把人生或自己比作小船，港口之于小船，是温暖的意象。当"暴风雨"来临，我们就想躲进"港口"——一个让心栖息和受到抚慰的地方。

而现实中的港口，是连接陆地和江河湖海，是船舶停靠、货物装卸、旅客上下、给养补充的场所，是人类征服江河湖海的起点，也是人类每一次远航的归宿。不论是军舰、游轮这样的庞然大物，还是画舫、乌篷船这样的一叶扁舟，都需要有停泊的港湾。

有些地域得天独厚，拥有天然的港口。在一些江河湖海的沿岸，天然的地形地势形成了海湾、水湾、河口、河岸等场所，能够抗风避浪，成为人类最早停泊船舶的港湾。在海岸线蜿蜒曲折的地中海沿岸，就诞生了许多古代重要港口。比如，在地中海东岸，腓尼基人于公元前 2700 年兴建了西顿港和提尔港（在今黎巴嫩）；在地中海南岸，马其顿王亚历山大于公元前 332 年兴建了亚历山大港。

有了港口，就有了奔赴星辰大海的前提。勇于探索的中国人很早就拥有自己的港口。浙江河姆渡遗址、山东龙山遗址等出土的大量实物证明，早在上古时期，我国先民就已使用独木舟远航，最远甚至到达辽东半岛、朝鲜半岛、日本及太平洋东岸的阿拉斯加等地。不过，那时候的远航活动，多是无

目的的，往往是有去无返的漂流迁徙。试想一下，一群原始人在一个地方待不下去了，划着独木舟去寻找新的希望，一路上或许经历了无数奇幻故事，也许遇到过会发光的鱼，也许被劈头盖脸的浪喂了许多水，但仍义无反顾地向前、向前……

到夏商周时期，一些沿海村落逐渐向港口演化，出现了越来越多大型港口。据史籍记载，早期的著名海港有碣石、琅琊、番禺等。碣石是渤海湾北岸的古港，约自夏朝便成为横渡渤海航线的北端港口。琅琊位于山东半岛南部的胶南夏河城南，不晚于春秋时期成为著名的大港口。番禺，在今广州以南，是商周时期发展起来的南海古港。这三个港口，使中国的高、中、低纬度地区都具备出海的条件。海上丝绸之路兴起后，沿海地区的港口有了长足的发展，有的成为享誉世界的大港，造就了不少繁华的商埠。宁波港、广州港和泉州港等著名港口在千年前就曾为中国带来了源源不断的财富。

在海上乘风破浪的同时，中国人自然也不会浪费国内众多的河流，内河港口的发展同样历史悠久。春秋战国时期，我国的历史文献曾记载了两次规模宏大的内河航运活动：一是公元前647年，秦国为解救陷入饥荒的晋国，曾派无数船只在黄河流域运粮，"船只自渭水，溯黄河，接汾水，络绎不绝"，被称为"泛舟之役"；二是公元前308年，秦国大将司马错"率巴蜀众十万，大船万艘，米六百万斛，浮江伐楚"。组织开展如此大规模的水运，从侧面说明，当时我国长江、黄河沿岸的港口已十分完善。

现在，如果你到杭州或者无锡去，能看到流动在城市里的河，还能看到河的两岸依旧保留着黛瓦粉墙的老民居。夜幕降临的时候，沿河的民居挂起红灯笼，墨蓝的夜色里，点点红灯笼一路蜿蜒，像锦鲤优雅游动，一直游向北京。这条河，叫京杭大运河。元代开通京杭大运河后，在大都城（今北京）内积水潭（今北京什刹海和积水潭）开辟终点港，接纳成千上万艘来船。明、清两代，由于京杭大运河成为交通主动脉，沿岸兴起了苏州、镇江、扬州、淮安、清江浦（今淮阴）、济宁、临清等重要港口城市。一个港口点亮一座城，也让文明在其间流动。

近现代以来，随着商业往来日渐密切和造船技术日新月异，港口的形态也在不断发生变化。在港口的早期发展阶段，利用港湾、河口风平浪静的自然条件，人们修建了简单的岸壁式码头，供船舶停

靠。19世纪初，以蒸汽机为动力的船舶出现，其吨位、体积和吃水深度日益增大，对港口的基础设施提出了更高的要求，于是配套建有码头、防波堤、装卸机具和仓库等基础设施的人工港口应运而生。在这一时期，我国由于闭关锁国，造船技术、港口建设落后于时代，在鸦片战争后甚至出现了基础设施较为完善的港口几乎全部被外国航运势力掌控的惨淡局面。

新中国成立后，我国港口建设的基础几乎一穷二白，但经过70多年的持续建设，实现了华丽逆袭。我国形成了环渤海、长江三角洲、东南沿海、珠江三角洲和西南沿海五个港口群，构建了油、煤、矿、箱、粮五大专业化港口运输系统，并致力于建设可停靠万吨级船只的深水港。目前，我国已成为港口大国和集装箱运输大国，泊位数量不断增加，港口和集装箱吞吐量连续多年位居世界第一。

值得骄傲的是，我国港口的作业方式也实现了革命性变革。新中国成立初期，港口的货物搬运都靠搬运工肩扛人挑，效率很低。改革开放以后，港口行业积极引进国外先进技术和管理经验，大力发展机械化、自动化，涌现出一批具有国际水平的港

口企业，培养了一大批经营管理人才和技术工人。如今你到一些港口去，已经看不到工人了，只能看到一些机械手在忙忙碌碌地装卸集装箱，运输车有条不紊地自如穿行……人呢，都在电脑室里进行操控呢！

# 20

# 海上丝绸之路

## 走向世界的璀璨征途

你知道番薯、玉米、胡椒等餐桌上常见的食物，一开始是漂洋过海来到中国的吗？你知道曾有一只长颈鹿跟随郑和乘风破浪来到北京紫禁城，被人们尊为神兽吗？

600多年前，有一只长颈鹿曾经站在紫禁城的广场上。

它由明朝大航海家郑和从当时遥远的孟加拉苏丹国带来，一路颠簸摇晃，终于站在明成祖朱棣面

前。这是生长在中国土地上的人们第一次看到长颈鹿，以为它就是神话传说里的神兽麒麟。朱棣异常欣喜，马上命宫廷画师现场观摩，画了一幅《瑞应麒麟图》，又命素有"当朝王羲之"称号的书法家沈度在图上作序。这幅画流传至今。

　　这不是郑和第一次出海，长颈鹿也不是他带回来的第一件奇珍异宝。明永乐三年（1405）至宣德八年（1433）间，他前后共七次下西洋，由江苏出发，经海路到达今天的越南、泰国、柬埔寨、马来半岛、印度尼西亚、菲律宾、斯里兰卡、马尔代夫、孟加

拉国、印度、伊朗、阿曼、也门、沙特和东非的索马里、肯尼亚等地，用携带的金银和手工艺品，交换回珠宝、香料、药材等奢侈品。

早在郑和下西洋以前，从商周开始，我国先民就开始在蓝色海洋中探索跋涉。经过春秋、秦汉时期的发展，到唐宋时，我国先民就已经自由地在海上航行，或是向北、向东，到达朝鲜半岛、琉球、日本等地；或是向南，至东南亚南海诸国，再到南亚、非洲东海岸、西亚，以至欧洲、美洲、澳大利亚等地。这些连接古代中国与世界沟通、贸易、促进文化交往的海上通道，被称为"海上丝绸之路"，也被称为"海上瓷器之路"，是世界上已知最古老的海上航线。

一开始，丝绸是海上通道在隋唐时运送的主要大宗货物。丝绸的工艺性和舒适性远超其他国家当时生产的布料，并且体积轻巧，便于长途运输，不容易损坏。而且，从汉代到唐代，丝绸一直是作为向政府缴纳的一种税收，具有一定的货币功能。因此，中国与西方的贸易之路获得了"丝绸之路"的称号。

到了宋代，由于航海业和造船业的发展，船的载重量足够大，货物轻不轻巧倒不是关键，防水性

才是。这时候，瓷器闪亮登场。它和丝绸一样虽是日用品，却是当时其他国家没法生产的，并且结实耐用，价格还比西方的玻璃器皿便宜，所以瓷器很快取代丝绸成为海上贸易的最佳商品。因此，"海上丝绸之路"又被称为"海上瓷器之路"。

运出的丝绸和瓷器等商品，为我们换回了一些来自异域的农产品。现在每家每户都在用的胡椒，在古代很长一段时间内可都是奢侈品，因为中国本土并不适合种植这种香料。汉代，印度的胡椒沿着陆上丝绸之路进入中国。到魏晋南北朝时，人们逐渐认识到胡椒的药用与食用价值，但因为输入量太少，直到唐朝胡椒仍"物以稀为贵"。宰相元载将胡椒八百石藏于自己家的库房，令唐代宗勃然大怒，一时间，胡椒成了富裕的代名词。海上丝绸之路的往来船只多了以后，胡椒才慢慢没那么金贵。

不仅仅胡椒，我们现在随处可见的很多食物，也是由国外传入的。比如番薯、玉米，都是由福建商人自海外带回中国的。明朝的时候曾发生过几次大饥荒，全靠番薯弥补了稻米产量的不足，才不至于生灵涂炭。得益于海上丝绸之路的开辟，世界各地的人们才能共享地球的馈赠。

不过如果你以为，海上丝绸之路只是供世界不同地方的人们交换些食物、日用品，那就太小看它的作用了。世界各国的文化也是通过这条蓝色之路，交融碰撞出璀璨星辰的。

　　东晋有位高僧叫法显，在修行时发现中国的佛教典籍太少，于是，他于60岁的时候从长安出发，翻越沙漠和高原，前往天竺取经，一去就是数十载。去时走陆路，回时走的就是海上丝绸之路。回国后，他写下《法显传》，为研究当时海上丝绸之路沿线国家的风土人情留下了宝贵记录。在这本书中他提到，从多摩梨国到广州的航线已经固定，大约需要航行50日，且高度繁荣，有能够乘载超过200人的大型商船往来。法显舍身求法的故事令人钦佩，直到现在，在他途经的几个国家还有关于他的纪念地。他的出现，不仅展示了中华民族自强不息的精神品质，也从侧面体现了海上丝绸之路的畅通、航海技术的发达以及经济交流的频繁。

　　在我们走向世界的同时，源源不断的人才也带着他们国家的文化流向中国。

　　日本留学生阿倍仲麻吕，通过海上丝绸之路到中国学习。因倾慕中国文化，他索性留在了中国，

取了个中文名叫晁衡。通过学习，他的诗文作得相当好，与李白、王维等都成了好朋友，还当了秘书监——这一官职相当于现在的国家图书馆馆长。意大利画家郎世宁，在清朝时期来到中国，历经康熙、雍正、乾隆三朝，在中国从事绘画50多年，还参加了圆明园西洋楼的设计工作。他将西方绘画手法与传统中国笔墨相融合，极大地影响了清朝宫廷绘画和审美趣味。不仅如此，西方的一些天文知识和医学知识也传到我国，在很多领域给了中国很大的启发。

文明一定是通过交流才会进步，文化的融合让人有了更宽广的视野。海上丝绸之路这条蓝色纽带，连接了100多个国家和地区，成为中国与其他国家贸易往来和文化交流的海上大通道，推动了沿线各国的共同发展。各国人民自如地航行于波涛之间，取长补短，互相学习，也相互通婚，为更美好的生活而努力。

如今，"21世纪海上丝绸之路"仍在焕发生机活力。互联网的盛行、全球物流的便捷，使各国的贸易往来更加繁荣。浙江义乌的小商品通过"网上丝绸之路"远销海外，来自中东的石油公司也进入中国投资、建厂。未来，随着上海自贸区、中国东盟自贸区、迪拜自贸区的发展，各国将进一步打开大门、推出更多优惠政策，欢迎全世界的朋友们。

## 图片版权使用说明

　　本书中的图片，大部分由图片网站提供。因编校时间仓促，恐有疏漏，烦请相关图片作者及时联系我们（电话：0592-5535473），我们将奉上稿酬和样书。谨致谢忱！

鹭江出版社

2023 年 5 月